戦争廃絶

地球上から戦争を無くす道——世界軍事機構 案

服部正喜
Hattori Masaki

ふくろう出版

はじめに
――戦争廃絶によせて

ほとんどの人が、戦争を地上からなくしたいと思っている。九〇％以上の人はそう思う。しかし、ほとんどの人が戦争はなくならないとも思っている。現実は戦争が次々と生み出されてゆく。戦争の危機、人類滅亡の危機は現実に迫っている。では、なぜ戦争を無くすことができないか。それは戦争を引き起こしているそもそもの根源がはっきりされていないことに尽きる。根源とは何か？一言で言えば、「国家」である。国家を廃絶することは今できない。しかし、国家のある機能を放棄することで、戦争を無くすことはできる。国家は何よりも、軍事力であった。その軍事力を放棄することは国家とそこに生きる人々の滅亡を意味すると考えられてきた。現実にそうであった。しかし今、金融革命を経て国家単位の資本主義と国家単位の市民社会がグローバルな資本主義とグローバル市民社会に移行し始めている。そのとき、我々は国家を超えた政策が可能となり、戦争の廃棄の日程を模索できる時代に到達しているのである。

国家の最大の機能、すなわち国家主権の最終的意義は、「国家が戦争に訴えることができる」ということである。この国家主権の戦争の権利の部分を放棄すれば、地上から戦争が消滅する。国家が保有する軍隊を放棄し、世界組織に移譲することで、その組織以外の武力が消滅する。

戦争の道具がなければ戦争はできない。市民社会は、元来、非武装的な性格を持っている。市民社会はその非武装性を達成するために武力を社会が放棄し、国家に武力を集中させることで近代国家が誕生した。その武力を持った国家が膨張し、戦争を激化させていったことが近代の歴史であった。市民社会が、地球規模になり始めている今、グローバル市民社会は非武装的なものとして実現できるのである。それを達成するということは、近代国家の建設に社会の非武装化があったように、グローバル市民社会の建設に国家の非軍事化を達成し、すべての軍事力を世界軍事機構に集中させることで戦争の廃絶が実現できる。

市民社会、資本主義が正義かどうか、私には断定できない。でも、戦争を廃棄できる社会が、市民社会であり、資本主義であるとすると、まずはそのような社会でいいじゃないかと思う。その中で、強欲な社会、カジノ経済の不健全さ、様々な鬱を生み出す社会の仕組みは、是正されることが模索されればいいし、模索すべきだと私は考えている。しかし、まず戦争の不健全さ、危険性を排除することが第一の課題であると思うし、人類の九〇%以上の人がそれを望んでいるはずである。地上から戦争を無くすということは、多くの人々の希望であるはずである。それを叶えることが国家の軍事機能を放棄することによって達成できる時代がやってきているのである。

防衛ということが戦後の国家の論理の中で正義となっている。帝国主義政策が正義の座を降りて以降、それに代わって防衛ということが正義の座に就いた。防衛という名のもとに、戦争の危機、核戦争の危機も目の前に迫っている。「核抑止力」とは人類の滅亡をちらつかせて、脅しにして、それと引き換えに一時的な防衛を達成する方法でしかない。

今まで、世界政府、世界軍、世界中央銀行は、夢物語でしかなかった。今、世界軍事機構と世界中央銀行は、必要な時期に来ているし、現実の可能性を模索すべき時が来ている。国家はまだまだ多くの使命を持っているので、世界政府は急務ではない。遠い将来のことといえそうである。経済がグローバル化してきたことを基礎に、政治・外交の枠組みが変化し、これまでの思想を覆すべき時が来ている。

世界の警察たるアメリカ外交、習近平の中国の夢、プーチンのロシア帝国への憧憬、イスラム原理主義のハマス、ナセルに端を発するアラブの民族主義、ヨーロッパにひろがるポピュリズム、など現代社会には様々な勢力拡大への志向がある。世界平和を一方で擁護しようとしても本質的に、これらの思想や外交的立場はその不安定へのインパクトとなることが多い。戦争か平和か、という二つのレールは、一つの国家という乗り物の両輪なのである。

まだまだ、世界軍事機構を実現できる時期は遠い将来、もしくは単なる夢想であると、思われるかもしれない。しかし、早く実現する方向に動き出せば、より多くの人命が救われることになる。早ければ早いほど、より多くの人命が救われ、根本的な平和が人類にもたらされることになる。もう一つの大きな課題は、核の廃棄である。完全に核廃棄する以外に、人類を死滅から救う方法はない。核による破滅をほとんどすべての人は望まない。しかし核が存続し、戦争が発生し続けている。そして、それを支援する勢力が存在し、世界の政治を動かしている。この点でこそ我々は、出発点から見直さなければならない。出発点は核廃棄と戦争の廃絶のはずである。

近代国家の成立以来、国家は国家間の戦争を繰り返してきた。それぞれの時代に国家間のルールがあり、それに基づいて各時代の戦争の必然性が発生していた。国家の国際環境の論理の変化、外交の在り方の大枠を捉えておく必要もある。そのことによって、グローバリゼーションの時代の戦争の可能性と回避の道を検討することができる。

本書の概略を示しておこう。世界軍事機構が「今の世界の発展段階で、いかに可能か」ということを第一章で説く。グローバル資本主義の形成ということが、可能性の土台である。第二章で、国家の外交の歴史的推移を見て、現段階の国家の基本的な優先的な外交原理を確認する。もはや領土拡張ではなく、国家の自衛ということがロシア革命以降、国家の優先事項として登場し、第二次世界大戦後は、特にその側面が前面に出てきている。しかし、同時に覇権主義の夢が背後で働いているという事実もある。第三章では国家は今どのように生まれ変わらなければならないかを説く。外交と交戦権を放棄し、経済政策、教育政策、もしくは社会保障政策、人倫的民族的政策などを充実させることがこれからの国家の役割になってゆく。第三章では、現時点での戦争の可能性とその原因となる要素を分析する。また、軍事力の現状を見ておく。国家が軍事力を持っていること、さらに、国連に代表されるような、国際的な平和機構が軍事的作用を持つこと、武器輸出、軍需産業のインパクトなどを考察する。特に、武器輸出の事実や世界の軍事情勢を検討する。第五章で、世界軍事機構の見取り図を示す。どのような組織として作る必要があるかということの基本的な要素を検討する。世界軍事機構というものは、戦争を完全になくす機構としてどのようなものでなければならないか、ということを説く。そして、最後に第六章で、今私たちの課題はそのような世界軍事機構を構築することであると説き、その方法と道程を示すことを試みる。

戦争廃絶
地球上から戦争を無くす道―世界軍事機構 案

目　次

第一章　グローバル資本主義の形成

1　グローバル資本主義の現段階

世界軍事機構の設立の可能性は、グローバル市民社会が形成されるという点に依拠している。グローバル市民社会は、グローバル資本主義が形成されることによって出来てゆくと期待できる。そこで、まず、グローバル資本主義の現実がどのようなものであるかというところから、国家とその役割の現代的状況をまず見ておこう。

市場の広がりは、近代社会の形成に至った。近代社会はやがて国民経済を生むことになる。その国民経済は終始、国家的単位であった。経済学原理論の想定する純粋な資本主義は、一国経済として成立するものであった。(注：宇野弘蔵『経済原論』宇野氏の流れをくむ経済学者の共通認識である。) 十九世紀末から二十世紀初頭に始まる金融資本主義も一国的な枠を出るものではなかった。国家の政策は、絶対王政の時代は王室財政が潤うことを目的としたが、共和政の政府は、その国の経済社会・市民社会を豊かにするという前提の上にできていた。それが近代国家の一般的な政策となってゆき、二十世紀の先進諸国の国家政策であり続けた。グローバル化は国家単位の政策というこの枠組みを破り始めていった。企業が国境を越え、生産過程から流通、分配の過程までグローバルな視点で構築される時代に突入していった。

一方、多くの国の政策は依然として国家的である。経済政策はその国の経済的発展を目指し、その国の企業を背後で支えるということをもくろむという性格から脱することはない。教育は将来のその国の発展を考慮している。福祉や年金制度、国防・軍隊・警察はもちろん国家的である。これらの国家的政策を遂行するために予算が組まれる。財政政策は国家を前提としていることは言うまでもない。

しかし、他面、グローバル市民社会とのかかわりというインパクトが、すべての領域に影を落とし始めている。企業が国際情勢、国際環境、国際市場での戦略を立てるようになったのは一九八〇年代後半からであり、二〇〇〇年ごろに本格化し始めている。これと対応するがごとく国家も国際的視野から国家政策を立てるようになってきている。貿易政策や通貨政策をはじめ、金融システムの環境はデリバティブの広がり、国際的なM&Aの増大、FXや投機的な動き、国際的な金融投資活動、企業の買収と経営の国際化などによってグローバル戦略を抜きにすることはできない。

国家のインフラへの投資も国内が主流ではあるが、ADB（アジア開発銀行）などの機関を通じて海外への投資が増えている。太陽光発電、原子力発電、高速鉄道の建設、上下水道の整備、インターネット環境の整備、などが、グローバルなつながりを持ってきている。法人税は企業誘致の手段と絡んで、国家間の税率引き下げ競争になっている。移住問題や労働力の海外への出稼ぎなどの傾向が加速して、それと絡んで保険や年金なども国際的な調整課題となっている。企業の海外進出も社会保障、医療、教育、年金などへの対応を迫っている。

市民社会がこのようにグローバル化してゆくとき、対立は薄くなる。国家ごとにまとまり、愛国心が絶対的なとき、国際戦争が発生していたが、共通の経済活動ができ、法整備が共通になってゆくとき、国家対立の必要性は最小化される土台が育ってゆく。

【自由貿易・航海の自由の必要性】

グローバル資本主義の形成には、海洋の安全な航行ということが必須である。近代国家が、オランダとイギリスでできたとき、この二国間で海上覇権をめぐって数十年にわたる戦争が繰り返された。近代国家は海上覇権が生命線を握るので、海軍力が国家成立の必須条件となる。

遠隔地交易は、紀元前から存在した。シルクロードは交易路ということが主要な側面である。マルコポーロの時代、多くのキャラバン隊が遠隔地交易を行っていた。遠隔地交易を行う商人は安全を自ら確保する必要があるので、軍隊のような側面を持っていた。地域の有力者は異国の人間に対して、山賊や盗賊に豹変する。近代の大航海時代になると、海賊との緊張の中で貿易が進む。また、海軍は世界各地に展開される必要がでてくる。東インド会社は同時に軍隊であり、アジアに建てられた商館（フォンダコ）は、軍事的拠点となる。軍隊があって交易が実現していた。

市場経済体制が国内市場を超えるとき、それは軍事、防衛という側面を持つ。経済活動を守ることは国内経済の安全保障でもあるので、国家防衛の中に入り、それは世界を守るという発想につながる。「世界の警察」という発想は、イギリスが世界の工場となり世界貿易を始めてから、自由主義経済を促進するための必要条件となっていった。石油輸送ということだけではなく、世界貿易を阻害するものは関税問題と関連しながら、海上覇権・海上軍備の課題となる。そしてそれ以上に軍事的な脅威と戦うことが重要となる。

一九九四年七月にアメリカ国防省が発表した「米国の国家安全保障戦略」では、市場経済体制を持つ民主主義国家による共同体を拡大することがアメリカの安全保障の基本であるとしている。

【中国の市場化から第三革命へ】

一九七八年の改革開放路線の始まりのあと、一九九二年の鄧小平の南巡講話で、市場化は活発に進むことになる。毛沢東の社会主義路線が必ずしも生産力の発展をもたらさなかったのと対照的な結果をもたらす。毛沢東の大躍進の経済政策の失敗は、重化学工業優先のひずみであった。国有企業が経済を担うことの不効率がこれまでの社会主義経済体制の状況であった。

経済の発展のカギは、需要がどのように生まれるかにある。需要は、どれだけの人々が購買意欲を持ちうるか、人々の所得に依存している。それは歴史の発展段階によって決まってくる。中国が市場化の道を歩みだしたとき、巨大な内需が生まれた。所得の急速な上昇が、内需を拡大させた。そして、二〇〇一年から二年には中産層の形成が生じる。「忽然中産」と呼ばれる現象である。毎年一〇%近い経済成長を続ける中で購買力を持つ中産層が形成されていった。

江沢民は、企業家の共産党への入党を認めるという政策転換を行う。中国の主体はもはやプロレタリアートではなく、多かれ少なかれ資本主義化した人々の構成する社会へと転換してゆく。江沢民の中国は新しい国の体制を作り出す。「第三革命」といわれるものである。毛沢東、鄧小平の革命、そして第三の江沢民の革命である。

この江沢民の革命は、①独裁的な体制に代わって、「制度化された体制」をもたらす。②計画経済は市場経済に置き換わる。③量的拡大路線は、持続的発展可能路線に転換する。④主役はエリートではなく「市民」になる。

賃金上昇による需要拡大はインフレをもたらす。同時に、絶えず需要は拡大し、多様な需要を生み出してゆく。住宅投機、自動車、海外旅行など、贅沢な需要へとつながってゆく。中国が市場化し、現在の習近平はこの資本主義経済を前提として、強い中国の国家改造を模索している。

【インドの市場化】

一九九〇年代の初頭に、インドでは、国民会議派の政策からの大転換が起こる。ネルーからインディラ・ガンディまでの政策では、半社会主義的な影響があり国家の役割が大きかった。様々な規制が巨大となり、巨大な官僚の利権がはびこっていた。

一九九一年、ラジブ・ガンディの暗殺のあとを受けて、ラオ首相が、商業担当大臣のチダンバラムとマンモハン・シン大蔵大臣を登用して、自由主義的政策を行い、インドは経済発展の道を歩むようになる。貿易の自由化は海外に住む印僑の人たちをインド経済に結び付けることとなる。ナラシム・ラオ政権は、ルピーを二〇％切り下げ、自由主義政策を断行する。1．産業許可制と輸入許可制度を撤廃する。2．公的独占の民間への開放を行う。3．輸出補助金を撤廃する。4．関税を引き下げる。5．外資の出資制限の緩和を行う。経済が自由化で活発化する。その結果、一つは印僑のインド経済への参加ともう一つはＩＴ産業の成長という車輪の両輪が機能することになる。ＴＳＣ、ウィプロ、インフォシスなどは、インドで成長した印僑のＩＴ企業である。

【イギリスの自由主義化】

福祉国家的な政策、半社会主義的政策が市場原理を尊重した政策に転換してゆく。一九七〇年代のイギリスは、アトリー内閣以来の労働党の政策とケインズ主義が結びつき、国家資本主義的傾向にあった。国有化、福祉政策、公共事業などが柱になり、インフレ率は二四％にまで上昇し、所得税の最高税率は九八％になっていた。勤労意欲は破壊され、低成長と労働争議ということが現状であった。

キース・ジョセフは、事業経営、創業、起業家支援を政策の柱に考える。マーガレット・サッチャーの自由主義政策は、ジョセフの理念の上に作られていく。トニー・ブレアの労働党の転換は、この流れを一方で継承するものである。一九八七年のニューレイバー宣言は、労働党綱領の第四条を改訂し、生産手段の国有化、社会的所有を削除し、教育重視の変革を目指す。効率性を重視した変革を行うことになる。

自由主義化は、一方では官僚制や社会主義的政策の非効率の弊害を排除する。これらの規制や政策は平等の実現を目指しつつも、経済の低迷をもたらしていた。活力と働く意欲の喚起には自由な経済活動が有効であり、時代の変化は、グローバリゼーションや新しい産業の波を起こしており、新しい産業は、起業しようとする者の可能性を受け入れることで生まれてゆく。

【日本の改革】

同じような国家機構の改革が日本でも行われる。一九八一年の土光臨調から始まる行政改革の流れである。行政改革の流れは、橋本内閣の行政改革に受け継がれ、金融革命の行政面での対応と一緒になって進んでゆく。民営化路線でもある。小泉内閣の郵政民営化は、財政投融資という国の国家独占資本主義の政策の根幹となっていた郵便貯金＝財政投融資にメスを入れるものであった。公益法人改革とあいまって国家の特権的官僚機構は大きく揺さぶられることとなる。その影響は、国家独占資本主義の根幹を揺さぶるものであり、日本の金融資本主義を崩壊させ、グローバル化時代の世界に移行する転換点でもあった。

一九九三年七月十八日に政権を発足させた細川護熙（もりひろ）内閣は生活者優先の方針を唱えながら、規制改革と地方分権を進めた。官僚の権限は縮小する方向に動き始めていた。一九九六年一月から一九九七年七月の橋本内閣の行政改革で、二十二省庁は一府十二省庁に統合される。

一九九八年五月六日の行政基本法で、規制撤廃、規制緩和に動き始める。二〇〇八年六月の国家公務員制度改革基本法で公務員制度改革が始まる。郵政民営化、道路公団民営化、政策金融改革、特殊法人改革、など規制撤廃の方向での改革が行われた。

このような改革は、国家の機能の縮小化であると言える。これまでの国家は「現代国家」と呼ばれるものを含んでいた。現代国家はいくつかの要素からできている。第一に、福祉国家という側面を持つ。そして、社会権を基本的要素として受け入れた国家である。憲法は社会権を含むものとなることが現代国家の在り方であった。労働権は社会権と結びついて考えられた。経済政策としては国家の積極的役割を説いたケインズの理論を取り入れる。すなわち財政政策を重視する国家であった。それは、金融資本主義と結びつき、国家独占資本主義というものになった。

国家機能の縮小化という世界的な流れは、先進国では国家独占資本主義からの方向転換であり、低開発国では市場化の活力を生かすことであった。さらに社会主義圏の市場経済化という時代の流れが並行した。これら三つが結びついて、グローバリゼーションへの流れは加速した。その時、国家原理は後退する。

【エマージングマーケット】

市場のグローバル化は、グローバリゼーション全体の前提である。エマージングマーケットが一九九〇年前後に登場する。第一が社会主義の崩壊に伴う旧社会主義圏の市場化である。第二に、旧植民地の市場化、資本主義である。そして第三に、中国が一九九二年のＷＴＯ加盟に象徴されるように世界市場に組み入れられていく。

グローバル市場の登場の次に来るのが、経済インフラとしての金融のグローバル化である。デリバティブと通貨投機などの投機性を助長する経済活動が活発化し、投資銀行や証券会社がグローバルな展開を加速してゆく。Ｍ＆Ａの発生に伴って世界の金融機関は、大規模化を迫られる。日本でも都市銀行が統廃合を繰り返し、メガバンクが登場した。それは、金融資本主義の終焉を意味する事態の変化であった。金融資本主義グループの核となる都市銀行が統合され、金融資本主義グループというのが二次的なものになっていった。

メガコンペティション（大競争）時代の到来である。市場のグローバル化は競争を激しくさせた。低価格商品の調達やコストパフォーマンスが激しくなり、企業の立地の選択の幅が格段に大きくなった。どの国にどのような工場を作るかということが、コストの削減と販売力の強化と絡んで高度な戦略を伴うようになった。

【グローバル企業の行動様式対国家】

資本が国を超えている。かつて金融資本主義は、国家独占資本主義とも呼ばれた。国家政策が独占資本、金融資本主義の利益に呼応していた。ケインズ主義、財政政策は、ケインズの目論見を大きくはみ出し、財政赤字を常態化していった。公共投資が景気を牽引し、建設関連業種・ゼネコンをはじめとして、景気を浮上させる先導役を務めていた。大企業は独占企業となり国家の外交政策をも左右するものであった。

一九八五年前後から、国内独占は世界市場を視野に入れたビジネスプランを持つようになる。きっかけは、一九七一年のニクソンショックとそれ以後のＩＭＦ体制の崩壊である。そして一九八五年のプラザ合意以降、企業の海外進出が加速する。そして、社会主義社会の崩壊とともに、もう一つのエマージングマーケットが生まれ、そこに独占企業は新しい巨大な可能性を見るようになる。

金融資本主義からグローバル資本主義への転換は、金融革命として発生した。そして、グローバル市場をめぐる企業合同の波が起こる。Ｍ＆Ａを行うことが、グローバル企業の姿となる。ミタルによる鉄鋼合同の波、アマゾンの急成長、ソフトバンクの事業拡大、などは、この流れの象徴的現象である。そして、ＩＴ産業のみならず、鉄鋼業、化学工業、自動車産業、電機産業などのかつて装置産業で金融資本主義を支えた主力産業が、グローバル化の波の中で、グローバルな企業合同を繰り返してゆく。その中でファンドの活躍が時代の大きな要素となる。グローバル資本主義の新しい枠組みである。

ＥＵでは、企業がグローバル資本主義をつくるのとは、逆のことが起こっている。ＥＵという共同市場の中で、そして規制が国家的な枠組みではなくなると、どの国の企業もヨーロッパ企業への変身に努めている。以前は、それぞれの国で商売をやっていればよかったが、ライバル企業が新しい手法で顧客を獲得してゆく。競争が激しくなり、マーケットのイノベーションが進む。より広い市場が企業をグローバル化させるのである。

【グローバル独占の時代】

M&Aを梃として、グローバル独占の時代に突入してきている。製薬会社は、グローバル企業でないと生き残れない時代が来ている。武田薬品は、アイルランドの製薬会社 Shire を買収することで、世界の十九位から九位の売り上げに浮上する。大競争時代は国内独占の消滅によってもたらされたが、大競争時代は終焉を迎えるようになるのだろうか。競争のインパクトは、グローバル市場の中でまだ作用しているのが現状である。

2　グローバルなインフラの構築

国家政策が、一国的でなくなってきているということは、安全保障の面でも協調関係が重要となる。しかし、協調が国家的な政策に一致しているとは限らない。現在の国の外交には、協調と対立が交差している。ただ、グローバル市民社会的な動きが世界を覆う動きとなる可能性はある。世界軍事機構への可能性を開く物質的基礎はグローバル市民社会への動きの中にある。

企業や市民団体の活動は世界の平和が大前提になる。グローバルな協調の動きが国家を超えて進むことで、国家を超えた組織の構築への道となってゆく。グローバル市民社会の成長に応じて、世界の安全を保障する機関を再検討する必要性が出てくる。国家の外交的な対応では危険性は時として拡大することになる。世界的な権力機構を構築する必要が生まれてくる。市場の成長は、国家を超えた様々な必要事項を生み出してゆくのである。

【今後の世界組織に向けた方針】

グローバル資本主義が成長する中でインフラの不十分な低開発国への支援が求められる。支援によって市場の拡大、経済活動の広がりを模索するということは、企業の一般的な方向性である。国家は企業の方向性を配慮して低開発国のインフラ構築を自国の利益につなげるという方針を進めることになる。市場拡大と生産拡大という一般的なことと、投資に直接関与する自国の企業の利益と自国の需要創出という直接的な利益という二点を考慮してインフラ投資を推進しようとする。需要の創出は投資される国と投資する国の両者にもたらされることになる。かつてケインズ主義が一国の財政政策に基づいていたものがグローバル資本主義の各国の財政協力ということに置き換わるという側面がある。投資する国の政府は、自国の企業の需要創出という利益と投資される国の需要創出効果の両方を考慮してインフラの構築に投資することを進めてゆく。

インフラ整備は、第二次世界大戦の復興というところから始まった。マーシャルプランやトルーマンドクトリンから始まり、その機関として国際開発銀行があった。ＩＭＦは世界貿易を円滑にするための通貨機関であったが、それが現在では危機に対応する援助などのための資金提供という役割も持ってきている。また、アジアを中心にアジア地域のインフラ整備のために、アジア開発銀行ＡＤＢ（Asian Development Bank）やアジアインフラ投資銀行ＡＩＩＢ（The Asian Infrastructure Investment Bank）などの基金が設けられている。ＯＤＡも第二次世界大戦の被災地域の復興ということから始まり、インフラ援助の役割を持っている。

金融の舞台が国際化するにつれて、いよいよ金融危機と経済危機の可能性は大きくなる。その対処として、ＩＭＦやＢＩＳなどは機能するが、世界的な金融恐慌に対しては、協力と援助はできても解決できる機関ではない。また、ＩＭＦは、本来の通貨管理の役割は終結してしまっている。

【援助、国際インフラ】

民間レベル、地方公共団体レベル、国家レベルでの国際的なインフラへの協力が実施されている。建設会社がＯＤＡなどの資金を利用して海外への投資を進めている。鹿島建設は、フィリピンの道路建設を行う。かつてフィリピンの多くの道路は、アメリカ軍が建設した。各道路は建設したアメリカ軍の将校や建設を指導した人の名前が付けられている。Harison Street, Buhnam Park, Kennon Road といった具合である。

日本の市の水道局が海外の水道施設を作るアドバイスを行うという活動がある。今後、世界の水は水道先進国の日本が大きな寄与をすることになりそうである。フィリピンのサマル島では電気のない地域が多い。金持ちの家が発電機を買い、夜の七時から九時だけ電気を買う家庭がある。電気のインフラはまだまだこれからである。Generator は、人口の低い地域では、カナダなどでも重宝されている。生活の必需品である。季節的に山や森に入って、マツタケ狩りをして野生の中で暮らす人にとって、Generator と小屋を作るための電気のこぎりが必需品である。

ドゥテルテ大統領は、フィリピンの発展にインターネットのインフラが不可欠と実感している。かつて、ゴア副大統領がスーパーハイウェイ構想を作り、アメリカがＩＴ先進国となった。Wi-Fi 環境はフィリピンでは遅れている。ソフトバンクに依頼して、Wi-Fi 環境を作ってもらうとフィリピンの環境は一挙に変化し、ソフトバンクも市場独占につながる大きな需要を見込める。

【外資導入】

新幹線建設のラッシュである。インドネシアでも、中国でも、台湾でも高速鉄道のインフラ建設に向かっている。かつて、高度成長の後の公共投資で、新幹線網建設は田中角栄の日本列島改造論の先導役であった。財政投資に結び付いた景気刺激政策が日本経済を押し上げた。しかし、今や財政はその国の予算に依拠するのみではなくなっている。先進諸国の企業が本国や投資相手国の政府との絡みの中であるいは新しい市場の獲得を目指して、投資を行っている。

【国家を超えたケインズ主義は可能か】

戦後、財政政策は国家の経済政策の中心であった。景気を左右する大きな役割を持っていた。ケインズの理論は、結果的には絶えざる財政膨張となり、現在の国家の財政危機を生んでいる。金融の膨張と並んで財政膨張は、経済破綻の大きな懸念材料である。

現在の世界の状況では世界の財政というものは存在しない。国際機関のファンドが存在するのみである。その時の経済効果は、二国間、多国間の経済関係に関連するのみである。ファンドに拠出するのは、主に国家である。国家の海外支援の一環である。さらに国家は、国際的な国家投資によってその国の企業の海外経済活動を支援する。あるいは、機会を与えるという側面は持っている。

【経済特区という措置は絶対王政の特権と同じである】

経済特区の政策は海外資本を優遇することで国際的な投資誘致競争で優位に立とうとする政策である。グローバル化の進む中で海外の企業の投資を自国に呼び込もうとするもので、政治的効果を目指す場合が多い。グローバルシティやITパークを設置し、金融機関やIT企業を呼び込もうとする。金融やIT企業を中心とした経済的インフラの導入はその国の発展にとって大きな効果を生み経済全体の広がりをもくろむことができる。企業活動を人倫的要求に合致させることはもともとむずかしい側面を持つ。企業活動への優遇は人倫的政策に合わない経済の領域に対し便宜をはかることになる。経済発展を目指すことは国家の政策として特区を設けるということになり、グローバル資本主義への国の対応の一つの方法である。

十七世紀にできた主権国家の大半は、国民国家ではなく絶対王政の国家であった。絶対王政の財政を支えたのは、大商人から取り立てる税である。大商人は王権によって、特許・特権を認められ、巨万の富を独占した。その特権を無くし、営業の自由を獲得し、すべての人間が平等になるということが、市民革命の目的の最大のものであった。

現在の先進国の市民社会では、原則的には特権はない。独占禁止法が目を光らせている。しかし、経済的自由化を達成する段階で経済特区制度があり、国や地方行政が外国企業の協力を得るため特区という「媚びる政策」をとっている。特権を廃止するための市民革命は不要である。

ただ、国家の役割が後退し、グローバル市民社会が成長するにつれて、政府の政策の方向を転換し、平等な機会を設けることが自然な歴史の流れである。

【国際協力】

国際協力の枠組みは戦後始まる。トルーマンドクトリンからマーシャルプラン、ポイントフォーは、戦後の復興を前提とする。一九四八年十一月のトルーマン大統領の演説で、方向が変わる。戦後復興から世界の体制という方向に視点が移る。一九四七年に「対外援助法」によって、五二年までの五年間で、総額一三二億ドルがヨーロッパの十七か国の援助金となった。マーシャルプランによる援助である。四つの原則が浮上する。①ヨーロッパの復興援助に加えて、②国連重視、③世界の低開発地域への援助の拡大、④NATOの役割重視という四つである。ソビエト連邦との対抗を意識したうえでの世界戦力に移行している。この時代は世界の覇権を自由主義圏はいかに持ちえるかということが課題となる。基本的に冷戦の中での軍事的性格を持っている。

ケネディ政権の一九六一年の対外援助法も、対社会主義の冷戦に対する対応であったと言える。ODAはもともと戦後復興に意味を持つ。植民地で戦場となった国に賠償に代わって援助を行い、社会の経済的発展に寄与しようという目論見である。

冷戦が終結し、グローバリゼーションが進む中で、対外援助の性格が変化する。いわばグローバル市場を形成するための発展支援ということができる。企業進出の後押しを国家が行っているということができる。

【世界各国の国際的な経済協力の形】

グローバルな経済協力は次のような種類に分けることができる。

① IMFや国際開発銀行、WTOなどの国際組織を梃とするもの。ASEANなどのような地域的な組織。AIIBやADBなどのような国際的な開発ファンドの形をとるものなどがある。

② APEC、TPP、などのような、国際協定によるもの。

③ 通貨協定が、今、緊急の課題である。仮想通貨、ビットコインやFXといった投機が世界経済の危機につながりやすい状況である。多くの経済危機は、一九八〇年代以降通貨をめぐって起こってきた。それは、一九七一年のIMF体制の崩壊に端を発している。IMF体制の崩壊が通貨変動をはじめとした変動のリスクを回避するものとして、デリバティブ市場を生み出し、様々な変動に対するリスク回避の目的に始まるデリバティブを広げてきた。変動為替制になってから、通貨のレートの激変や通貨に対する投機が誘発され、経済

危機の原因を作ってきた。プラザ合意は経済危機ではないが、多くの国に生産力構造のグローバル化、すなわち空洞化、メガコンペティションなどという大変化をもたらし、大量の企業倒産と企業の経済環境の激変の時代を生み出してきた。一九八七年のブラックマンデーは、株式売買のコンピューター化によってもたらされたものであるが、株価の大暴落を引き起こし経済危機となった。一九九七年のアジア通貨危機、九八年のロシア危機は、通貨をめぐる投機に起因している。これらは通貨をめぐる経済危機であったのであり、今、通貨のこのような状態に対してグローバル経済の安定をもたらす新通貨システムが構築される必要があるのではないだろうか。

④

金融システムの危機は、世界経済を根本から揺さぶる。その不安定要素が、大量に生み出されている。サブプライム危機やリーマンショックはその代表的なものである。日本のバブルとその崩壊も土地投機、株式投機と結びついて経済危機をもたらし、回復に二十年という歳月を必要とした。不良債権の清算にかかった年数である。

3　グローバル市民社会の形成

【市民社会概念】

市民社会はもともと都市社会のことである。Civil Society というのは、「都市的な人の集まり」という意味である。「都市」というのは、市場を中心とした場所であり、市場の論理の中に法秩序と社会性が生まれてゆく。そして都市としてあった市民社会が、商業圏の広がりで、国民国家的な大きさになったところに近代社会が形成された。市民社会は国民国家規模での市場圏ができるということの結果である。近代に都市的なものが国民国家となったのである。その国民国家が地球規模となるというところに、グローバル市民社会の形成がある。

市民社会のコンセプトはヘーゲルが明確にしている。ヘーゲルによると、市民社会の本質は「欲求の体系」である。（注：ヘーゲル『法哲学』中央公論社を参照されたい。）人々が欲望に任せて富を求めて活動する社会である。商品貨幣経済の世界といえる。近代社会はそこに秩序を生み出していった。秩序を支えるのが、「法律」と「道徳」の二本柱である。

市民社会は人倫の崩壊であった。人倫というのは、人間的つながり、特に血縁と地縁に基づく情緒的な、人々の絆である。人倫は家族の輪、文化、習俗、宗教などの価値からできた精神的な場である。市民社会の成立は、このような価値観を薄くし、法律的なルール、社会的な交流を主なものにする。人倫は、個人、個人の責任感よりも、頼りあうこと、依存しあうことが基本である。テンニエスのゲマインシャフトを人倫と捉え、ゲゼルシャフトを市民社会と捉えてもいい（注：『ゲマインシャフトとゲゼルシャフト』岩波文庫）。アジアには家族の徳＝ヴァーチューVirtueが強く現在も生きている。西欧先進国では家族の崩壊を迎えている。離婚が多発している。アジアでもその傾向が強くなっている。

【市民社会の道徳・法・行政】

とりあえず、市民社会の道徳・法・行政などは、国家の中の枠組みの中で「国際理解」の範疇の中に位置して問題はない。国家や各国の市民社会の成長にゆだね、文化摩擦を伴いながら人々は周辺の人々と、共生したり、排除しあったりを繰り返し、ときとしてポピュリズムに見られるような、民族的排他主義が政治勢力となっている。ただ、それが反動となり国民国家への理想、民族主義への傾向となっても、それが世界の潮流の主流になることはないので看過しても大きな問題ではない。我々は文化的価値、人々のつながりに関しては、配慮しておくことが人間社会の存立にとって不可欠であるので、人倫を尊重する配慮は行政にも国家政策にも求められる必要はある。他面、戦争への道さえ食い止めておけば、民族主義が反乱の原因になっても非暴力的方法に帰結するものと考えられるし、クーデターや戦争につながることはない。

国家の人倫的行政は人々の精神と生活を保護する役割を持つ。行政の内容は、社会の中の人々の意思と世界観で決められていい。人倫に対し市民社会の形成は、グローバル市民社会の形成と不可分であり、統一的な国際社会を生み出すこととなる。グローバル市民社会の形成は、市場の広がりと不可分であり、国家の経済的発展につながるものである。企業は市民社会の主役である。そして、法律についで、市民的モラルが望まれる。アメリカ、カナダ、多くのヨーロッパ諸国、日本は、共通のモラルを形成し始めている。後進国がグローバル市民社会に組み込まれていくとき、教育の発達が不可欠になってくる。

【グローバル市民社会とはなにか】

グローバル市民社会とはなにか。グローバル化の中で、国家対企業という対立がある。ポイントはグローバル市民社会がどのように形成されていくかである。グローバル市民社会は次のような条件から形成されてゆく。

1　市場の浸透
2　民主主義的思想の形成
3　法形成―この場合国際法ではなく国内法の共通化――グローバル市民法の成立など
4　いくつかの経済インフラのグローバル化

【国家政策としての外交とグローバル市民社会に向けた国際協調】

外交は国益を大前提とする。国家が外交の主体であり、外交の自主権は国家主権の重要な要素であった。しかし、すでに十九世紀から列強間の同盟ということが外交原理となり、現在もその延長線上にある。日本の場合、日米安全保障条約ということが同盟関係の基本であった。しかし、それはアメリカを中心とした世界の体制の一環であり、日本はそれを国の安全のために利用してきた。安保条約は、戦後体制の一環である。しかも、第一義的には、冷戦を前提とした同盟関係の条約であった。冷戦終了後、アメリカの世界戦略の一環の中にある。

【グローバル市民社会での道徳の重要性】

ネオコンがイラク攻撃を進めたとき、最大の課題の一つは市民社会の道徳を作ることだと考えていた。アラブの春の失敗は、市民社会の未成熟にある。インテリ層が本国の市民社会に根を下ろさず、海外の市民社会に逃避していた。その彼らが本国に戻って市民社会を構築しようとしても一筋縄では進まない。市民層が未成熟なのである。

アダム・スミスは経済の発達によって人々が豊かになったとき、公平な道徳が形成されると考えた。そこにゆとりのある人々が他人の幸福を考え、道徳的な情操 moral sentiment を持つと考えた（注：アダム・スミス『道徳情操論』）。現在の時点での世界の状況は市民社会の形成が、二〇％から三〇％程度の国が多い。商品経済は浸透しても、勤労の精神はまだ育たず、賃金の低さにあえいでいる地域は多い。一方で、昔からの共同体の中で、助け合いながら生きることはできる。しかし、富は得られない。そこへ商品経済や資本主義が入り込むとき、人倫はすたれ、世知がらい競争が生まれる。人々は疲弊し、金銭欲がはびこり、豊かさは外国のものとして「はかないあこがれ」と「従属的な卑屈な精神」に置き換わる。いわば国際的な物乞いが生まれてしまう。独立心の矜持を保つこと、その道徳的尊厳が教育の場の中で、そして経済活動の隙間に育まれなければならない。

【グローバル市民法】

グローバル市民社会の形成にとって終着点の一つは、グローバルな市民法を形成させることである。グローバル市民法の必要性はそれほど強くない。国内の市民法で事足りている。ただ、国際社会のルールとして国際法の不十分さということはあるので、グローバルな企業活動のルールの側面から法形成が進んでいくと思われる。

国民の権利は国家が保障するものである。裁判所も国内対象であり、違法行為は海外には訴求しない。重要な犯罪は国際的な協力が行われるが管轄の違いは大きい。民法・商法・刑法などの市民法は各国に共通性を持つが適用は国家単位である。現在の国家ごとの対応でほとんど問題はない。ただ、近代法の原則とは違った国内法が施行されている国家との調整は必要になってくるのではないだろうか。例えば、イスラム法の国や宗教的な法が有効な国は近代市民法との調整ということが課題になってくるのではないだろうか。宗教と法の分離ということも課題になる可能性は高い。中国などでは、社会主義的体制からくる規制などによって市民の権利が育ち切らないという現実はある。市民層の成長とともに、国家ごとに解決の道を歩むことになるものと思われる。

市民法が共通性を多く持ち、超国家的になっていくことは考えられるが、一方で、司法活動のほうは、いまのところ国家単位である。司法活動は市民社会の重要な要素であるが、国家という枠を超えないのが、現時点での状況である。特許関連の法などは経済活動のグローバル化にともない、国際的対応の必要に迫られている。特許侵害で裁判を起こすということになるとそれぞれの国の法律に従わなければならない。国際的な協定が徐々に広がり、各国がその協定に批准するという手続きを経ながら、司法活動の国際化は徐々に進むと考えられる。しかし、現時点では、国家の持つ枠組みは絶対であり、世界共通の司法制度の設立の提案が必要な時期がくるのは、間もなくである。より一層の経済活動の相互浸透が進む中で、世界共通の必要性が出てくると思われる。司法活動、裁判制度の領域の拡大、地域協定などの課題が動き始める時期が近いうちにやってくるのではないだろうか。

市民社会は、市民の権利が、権力や権威や人倫的依存関係より優先する社会である。グローバル市民社会が登場するとき、グローバル市民法が模索され始めるのは当然のことといえる。そして裁判制度も国家を超えた領域が徐々に増えてゆく。訴訟法関係と裁判所制度の国際的調整から整備がなされてゆく。国際法や国際裁判所を活用しながら、徐々に市民法が各国共通なものに育ってゆく。

国際的な司法活動に関する協定が数多く作られて、各国が批准してゆく中で新しい国際的な法秩序が作られていく。そのような動きが国際的な司法活動の傾向となっていくのではないだろうか。

【所有権の国際化】

「日本の土地は日本人のもの」という国家的枠組みの発想がある。土地所有を国民にのみ認めている国は多い。あるいは共同所有でも所有権の五〇%以上がその国の国民でなければならないとしている国は多い。企業所有のシェアーも国籍を持つものが過半数をもつことに限定している国は多い。しかし、他面、国籍を超えた土地所有や企業の所有を認める国も増えている。グローバル化の中にある世界の最近の傾向である。

ランドラッシュや土地の買い占め、ビルやマンションの外国資本による買い占めは、国際対立の原因になってきた。ロックフェラービルをソニーが買い取ったことでアメリカの心を買収したと、ジャパンバッシングが起こった。シアトルやオーストラリアの土地や不動産の日本企業、大京や三菱地所による買取が、アメリカ、オーストラリアで日本敵視につながった。中国資本や韓国資本によるシベリアやウクライナの買い占めも多くの敵対心の原因となる。

【企業の国籍】

多くの国で企業の所有権は国籍に規制されている。先進国は国籍規制がなくなってきている。個人の国籍規制のほうが残ってゆく可能性は強い。土地の所有権や企業の所有権は、原則五一％以上がその国の国民（国籍を有するもの）が保有しなければならないとする国が多い。中国、フィリピン、ベトナム、カンボジアなど多くの国がそのような規制を持つ。カナダはいまでは、一〇〇％外国人であっても創業できる。

日本でも銀行借り入れなどで外国人の所有者より日本人が優位になる。保証人はその国の人間であることを銀行は求める。そこには外国に行けば法が届かないという原則があるからである。法は国内にのみ通用するのは、市民社会がいまだ国単位であるからであり、国家を超えた法的責任の追及は、国家と国家の間での外交交渉をする必要が出てくる。

日本の企業、ドイツの企業、アメリカの企業といった了解がある。本社が、シンガポールになったり、ドバイになったり、オランダになったりしている。シンガポール、オランダは法人税が低い。ドバイは法人税が無税である。法人税が企業誘致の手段となっている。いわば法の利用である。

【グローバル憲法】

国家の何たるかを規定するのが憲法である。憲法は公法に属する。国家の役割は憲法によって決められる。もともと法体系は権利のみの体系であり、義務は不要であった。しかし、憲法は国家の法であるという点で、憲法には国民の「義務」が入ってくる。教育を受ける義務や徴兵に応じる義務などである。これに対し、市民社会の法である市民法には義務の規定はない。市民法は権利だけの体系である。

国家の役割を超えたところに多くの行政制度と国家を超えた人権が求められるとき、世界憲法が必要になってくる。世界人権宣言は、人権宣言としての意味を持たない。空想でしかない。世界人権などというものは存在しないし、人権の本当の意義を無視した発想でもある。人権は守る憲法があって初めて機能する。人権宣言が憲法的価値を持たないとき、それは絵空事に過ぎない。イギリスの一六八九年の「権利の章典 Bill of Rights」は、憲法としての価値を持っていた。イギリスは憲法を持たない国であるが、権利の章典は憲法に匹敵する有効性を裁判で持っている。

【国家主権の内容】

憲法の成立はとりもなおさず国家主権の確立という意義を持つ。国家主権は、大きく分ければ、1. 軍事的な国家の権限、2. 経済政策の権限、3. 外交の権限、4. 通貨の発行鋳造権、5. 国内警察力、6. 行政権、7. 裁判・司法、8. 社会福祉などの政策を行う権限、9. 徴税権、10. 財政・予算の執行権、などが含まれる。

世界軍事機構の案では、そのうちの1. のみを放棄するという案である。戦争に関する国家の権限は、国家主権の中でも最大の意味を持つものであった。グローバリゼーションの進む中で、国家主権を薄くするという傾向はすでに始まっている。例えば、ＥＣ統合は、国家主権の縮小を意味している。しかし、ＥＣ内部においてすら、国家主権の一部放棄、軍事力の放棄には、ドゴール大統領やサッチャー首相のように、強力に反対する勢力は大きかった。アメリカ、ロシア、中国などの国々を想定すると、なおさらである。しかし、「戦争を地上から無くす道」という発想から出発するとき、その道は開かれるものと思われる。

世界軍事機構の創設にあたって主権の一義的なものを国家は放棄することになるので、各国の憲法の改正が必要となる。それは各国の問題である。憲法は、戦争する権利と外交の権利を修正あるいは削除することとなる。

【国境の消滅】

国家の存立にとって国家主権の問題と国境の問題が不可分である。ＥＵの共同市場の創設は、経済的な意味での国境の消滅を意味する。国境の消滅は、かつての国境の向こう側から新しい企業が進出してくることを意味する。フランス東部のアルザス・ロレーヌでは、ドイツやルクセンブルクとの経済交流が可能になるが、その一方で、ドイツから競争力のある企業がフランスに参入してくることになる。

国境が消滅してゆくとき、国家紛争の大きな原因が除去されることになるが、世界軍事機構を創設するときにはそこまでグローバル市民社会が育っていなくてもいい。国境の利害調整を世界軍事機構が調停できればそれでいい。地域ごとに国境の不必要さと調整ができれば、国家の役割が変わってゆく。

【共同市場と国家原理】

ＥＵの前身は、石炭鉄鋼同盟から始まる。石炭鉄鋼同盟は、製鉄業が二十世紀になってソビエトやアメリカという巨大な国土を持つ国が有利となった。製鉄は、鉄鉱石を石炭の火力で溶かすということで実現していた。ソビエト連邦は、カスピ海地域とシベリアをシベリア鉄道でつなぐことで、巨大な製鉄業を可能にした。アメリカは五大湖周辺の鉄鉱石とアパラチア山脈地域の石炭をつなぐことで、巨大な製鉄業を出現させた。そしていずれも一億トンの生産量を達成した。ヨーロッパの製鉄業は時代遅れとなりかけていた。それに対抗するためには、フランスのザクセン地方の鉄鉱石とドイツのルール地方の石炭を結び付ける必要があり、そこに国境の壁があった。

現在では、自由貿易ということが広がる中で、日本のような資源を持たない国が、海外からの輸入や現地法人の設立などを通して利権を獲得し製鉄業で世界のトップに躍進している。資本主義経済は国家の中の経済活動である必要がなくなっているのである。鉄鋼業のかなめは、「需要」の大きさに左右されることで、需要が最大のファクターの時代になっている。

【税金】

国家の実質は、税金である。税金が国家を支えるものである。税金の制度を決定することは、国家の独自の権限である。しかし、その税金がグローバル社会の動向を判断して決定せざるを得なくなっている。そして、さらに、タックスヘイブンなどへの対策のためには国家を超えた税金に関する国際協定が必要になってきている。

法人税の引き下げ競争は、グローバル化の中で企業が国籍を選択できるということから、起こっている。企業活動がグローバル化するとき、安い法人税を求めて企業が海外進出を行う。

税金の申告国を選択する。国家のほうは、法人税を引き下げて、企業を誘致しようとする。ドバイでは、一九八五年、ジュベルアリ自由貿易地区を設立し、外資一〇〇%の現地法人の設立を認め、法人税所得税を免除した。利益を全額送金できる措置である。外国企業を呼び込む政策である。世界のいくつかの国で、法人税を払わない企業、極めて低い法人税を納める企業が続出し、社会問題にもなっている。トランプ政権は、法人税を三五%から一五%に引き下げることを目標とし、世界のほとんどの国が法人税引き下げ政策を打ち出している。

国際的な規制が作れるはずである。ただ、国家にとって税制は国家のかなめであるので、国際機関によって共通税制を作成するということは極めて難しい。国家税制を空洞化しないためには、法人税を国際的に規制できる協定を作ることはできるはずである。タックスヘイブンなどへの国際的規制がまず考えられる。

【世界徴税機構】

さらに発展させて、世界徴税機構を作ることで、大きな税金問題が解決できる。世界軍事機構がそれを担ってもよい。差し当たっては、グローバル企業の法人税だけを対象とすべきである。税と財政は国家の生命線であるので、その権限は国家に残しておくのが賢明ではないだろうか。

世界徴税機構の役割は次のようなものになる。

①　多国籍のグローバル企業は世界徴税機構に申請して法人税を所在地の国家ではなく、世界徴税機構に支払う。

②　申請は四か国以上に支社を持つ企業に限る。

③　法人税はフラットタックスとし、一五％～二三％の範囲内で決定されるのがいいのではないだろうか。フラット税率の決定には専門家委員会の検討にゆだねられることになる。ほとんどの国の法人税率より低いこと。国家に支払う法人税より有利である必要がある。

④　地方税と消費税などは支払い義務を免除される。各国と世界徴税機構の間での条約が結ばれる必要がある。

⑤　一〇％を世界機構の予算とし、残りの九〇％を所在国で均等に分割する。

制度の簡素化が重要である。法人税の引き下げによる企業誘致競争に歯止めをかけることが必要である。それぞれの国は、雇用や経済活動などの効果を見込むことができる。企業側にとっても、地方税と国税でおおよそ四〇％程度支払うのが現状で、それをタックスヘイブンや定率法人税の国に所在地を移転している。法の抜け目を模索することが横行している。国家もそれに媚びるような法人税率を導入する政策をとっている。このような不健全な競争は一掃したほうが人類全体の利益になるのではないだろうか。

【労働力移動と難民の国際移動——各国の市民社会や人倫（民族性）・文化）の防御】

移民が広がるとき、移民の人権、医療、社会保障、年金が移民を受け入れる国の課題となる。このことに対する対策としては、二つの考え方がある。一つは同じ人間として、すべて国民と同等の権利を与えるようにしてゆくべきだという考え。もう一つは、国民は国家に属するものだから国籍を重視し市民権を国籍の一環として国籍を持つものに限定するというものである。移民は外国人で国家財政の枠の外に置こうという考え方である。国家の本来の在り方からするとき、後者が妥当である。最終的には、各国家の政策に依存することになる。

中東ヨーロッパから西ヨーロッパへの労働者の流入が増えている。特に、二〇〇四年五月の拡大ＥＵの形成によって一年間で、百万人ほどになっている。スウェーデンではラトビアから進出した建設子会社がラトビアの安い労働者を使って低価格の請負を行い、スウェーデンの最低賃金基準を破るという騒動を引き起こした。デンマークでもポーランドの労働者を雇用した会社が最低賃金基準を下回るという賃金協定違反で有罪判決を受けている。

労働者、人権、共同体的人的依存関係、などが、今のグローバル市民社会の状況である。グローバル化はある程度進行しているが、グローバル資本主義やグローバル市民社会といえるような状況に至るにはまだ時間がかかりそうである。

もともと基本的人権は、近代市民社会に所属するものの権利であり、国家を離れて基本的人権はない。二十世紀になって、人間を同等に見ようという動きが生まれてくる。しかし、それは歴史認識の錯誤を伴っていることが多い。

さらに人権を保護する政策には、費用がかかるので国家を構成する税金の支払い義務と表裏の関係にある。国家は当然のこととして納税者を対象として、福祉、社会保障、医療、年金の制度を作っていく。それは、各国の大きな課題となっている。

グローバル市民社会の成立とともに、グローバル市民社会での課税ということが案件に上るとき、少しずつグローバルなレベルでの人権保障としての社会政策が国際的に意識に上ってくるのではないだろうか。

【グローバル教育】

グローバル市民社会ができるとき、グローバルな教育が不可欠である。市民社会は共通なので、それに対応した教育はできる。小学校の使命は、読み書きと基本的な算数の能力である。中学校の教育は、基本的な基礎教養としての国語、英語、数学、理科、社会が必要となる。高校になると一変する。高度化され多様化される。論理的思考能力が要となる。高校は、ドバイ・インド・中国などにまたがる百万人のグラマースクールができている。論理的思考能力は、大学への橋渡しとしての高度の学力を意味する。そこで基礎的能力＝教養 Bildung（ドイツ語、教養・人間形成）が、形成される。リベラルアーツが中心になる。

グローバル大学の担い手は社会貢献度が重要である。特に起業家、技術者、エリート層、の育成が要となる。さらに、国ごとの地域性を尊重した教育があってもいいし、地域性の人倫的教育は不可欠であると言える。

かつて教育は国家の礎であった。国の発展は国民の教育が基礎となっていた。今は、教育が二重化する。グローバル市民社会を踏まえた教育と国民を育てる教育の二つである。

第二章　外交の論理の歴史的推移と国家原理の変容

近代の歴史を振り返ると、戦争と外交は不可分であった。近代というのは国内的な権力が整理され、国家的統一が達成された時代であった。戦争は国家対国家という枠組みに置き換った。国際関係の枠組みは戦争の枠組みであり、外交の枠組みとなっていた。

国家ができ近代国家が成立して以来、「外交権」は国家主権の主要部分であった。国家が自立していることを前提として外交が成立する。逆に外交が確立していることが、国家の自立の証であるとも言える。近代国家が誕生して外交は国家の存続にかかわる重要事項となった。

近代の国家関係の歴史を振り返るとき、外交の論理は次の五つの時代によって異なっている。それぞれの時代にそれぞれの時代の大前提があり、その前提が舞台となり、その舞台の上で外交劇が演じられる。

第一期：十五世紀の近代国家の誕生から十八世紀まで。国民国家の時代

第二期：旧植民地主義の時代。十八世紀から一八九〇年代まで

第三期：帝国主義の時代。一八九〇年頃から一九四五年頃

第四期：冷戦の時代。一九四五年頃から一九八九年まで

第五期：冷戦以後。一九九〇年から現在継続中。グローバル市場が形成される時代

1　国民国家の時代

【第一期：近代国家の外交】

第一期は、近代国家の切磋琢磨する時代の外交論理がある。近代国家は、ヘンリー七世やアンリ四世の絶対主義王政の成立とともに始まっていると言えるが、一六四八年のウエストファリアの国際会議の結果、国際条約が成立し、国家主権の枠が現実的なものとなった。近代国家の中世的な社会状況からの決別である。その中で、外交権は国家主権の主要なものの一つであった。国家の形は、絶対王政と共和政が併存した。絶対王政のもとでは市民社会が未成熟である。市民社会が未成熟なとき、国家は権力や武力に強く依存する。軍事力の強さを国力の大きさと考える。国家を作る強さは、市民社会の経済力か、国家の軍事力かによっている。市民社会の論理に依存しすぎたオランダは、軍事的強さを欠いたために、イギリスとの数十年にわたる度重なる戦争に勝利を収めることができなかった。ロシアは市民社会の未成熟を強大な軍隊で補って、世界の列強の最右翼となった。

近代国家ができると国家間の戦争が絶えず繰り返された。国境をめぐる闘争、支配地域の確

保ということが主な原因であった。フランスの太陽王と呼ばれた絶対君主、ルイ十四世は度重なる周辺国との戦争に生涯明け暮れた。一七四〇年のプロシアとオーストリアの戦争は、聡明な二人の啓蒙専制絶対君主、フリードリヒ大王とマリア・テレサの近代国家間の領土をめぐる戦争である。絶対王政は近代の初期のものといえる。それは流通に依拠する商人資本主義と重なる事柄である。市民社会の成立とともに、生産過程を含んだ資本主義社会が形成され、それが共和政の国民国家につながってゆく。

十八世紀に、オランダ、イギリス、フランス、アメリカの四つの国が、市民政府といえる近代国民国家を成立させた。十八世紀末から十九世紀の初めに、ナポレオンのインパクトがあった。近代国家の理想はナポレオンによって飛躍的に推し進められた。同時に、啓蒙専制国が近代的改革を始めていた。フリードリヒ二世のプロシア、マリア・テレサのオーストリア、そしてエカチェリーナ二世のロシアなどである。この時代、近代国家建設は、近代的な軍隊の創設と並行して実現した。啓蒙専制君主は近代国家の理想を掲げ、戦争に突入していった。プロイセンとオーストリアとの間の長年に渡る戦争は、代表的なものである。

ロシアは専制君主国であるが強力な軍隊を持つ国家となっていった。これらの諸国の間で、近代的戦争が十八世紀・十九世紀に起こっている。代表的なものが一八五四年〜五六年のクリミア戦争である。ロシアとオスマン帝国の間での戦争であるが、イギリスとフランスが介入し、旧式の軍隊と近代的軍隊の移行期を象徴する戦争であったといえる。

【「統一」と民族主義】

近代社会は、「統一」という傾向性の上に成立する。統一性は、商品の論理が持つ「普遍性」ということの中に一つの傾向性として存在する近代社会の原理である。個性よりも普遍性が求められるのが近代社会である。普遍性は商品の価値がこの社会で広く通用する実体であるというところに根差している。この社会の一般的意識は、価値、その具現物としての「貨幣」を求める。お金を手に入れるということが、ほとんどのものの関心事、さらには生きがいとまでとなる転倒した社会である。普遍性そして統一性が、近代国家を作るインパクトとなっている。

度量衡の統一、貨幣の統一は市民社会の統一性の大きな要素であった。そして、この統一ということが、民族主義、民族国家の理想となり近代思想の一つの形となる。人倫は多様性を許容する。他面、市民社会や国民国家の理想が統一性の上に構築される。

【二種類の近代国家】

近代国家は近代社会によってもたらされた。しかし第一には近代社会が流通段階にある間から始まっている。商品流通が広がることで商人層が力を持ち商品の論理にあった観念を広げてゆく。土地支配の権力構造に基礎を置く社会では、武力と権力が社会構成の主な要素であった。倫理と身分意識が根幹であった。権力を持つ者の間での紛争が内乱となって歴史を形作っていた。商業圏の広がりは、国内的統一をもたらすようになる。ユグノー戦争以降にアンリ四世がフランスに統一をもたらし、近代国家という単位の行政が始まる。イギリスでは百年戦争のあとのバラ戦争を終結させたヘンリー七世がチューダー朝を始めることで国内的統一をもたらす。これら絶対王政は流通的商業圏の形成と不可分であった。商人層がこれらの政権を支える実質的な勢力であった。

絶対王政と並んでもう一つの近代国家の形は、共和政 republic, commonwealth の形の国家である。それがやがて政府を形成するとき国民国家となる。いわば近代国家の完成型である。市民社会の成長が流通過程だけでなく、生産過程を含めたものとして形成されることで、国家の構成員としての市民層ができてゆく。当初の市民層は、手工業者、商人、金融業者とそして独立自営農民からできている。

近代国家は、国家理念に支えられる。人々は「民族」に熱狂し、愛国心が一般化する。フランス革命によってナショナリズムがヨーロッパじゅうに燃え広がる。ナポレオンがさらにそれを推し進めることとなる。別の言い方をすれば、ナポレオンの進撃を可能にしたのがフランスのナショナリズムであったということもできる。この時期、ドイツ、オーストリア、イギリスでもナショナリズムが時代の精神となる。

【民族国家と民族主義】

近代国家は、民族国家という幻想を持つ。一民族が国家として統一されることはないが、近代国家はそれを正義として一般的なコンセプトとしている。言い換えれば、民族主義をイデオロギー的な「傾向性」として持つというのが正確な事態である。植民地支配、国内の民族対立は、国家の形を問いかけ続ける。帝国主義の時代は、植民地の中に民族対立をもたらした。愛国心は、民族のふるさととアイデンティティを一つの試金石にしながら、近代国民国家の理想と結びついてゆく。民族主義は、第一には市民社会ができた共和国で実現した。そして近代国家の理想を持つ啓蒙専制君主の絶対主義が民族主義と結びつく。さらに周辺地域に民族主義の理想が生まれる。

近代国家の成立は民族主義を生み出し、民族自決によって国家を作るための戦争が繰り返されてきたのが近代史の一つの核であった。オランダの独立に始まり、イギリスのヘンリー七世の国家統一、フランスのアンリ四世の国家統一は絶対王政の始まりであるとともに、近代国家の成立を意味するものであった。十八世紀のフリードリヒ二世やマリア・テレサの啓蒙専制国家は後進国の近代国家を模索する営みであった。十九世紀には、東欧諸国に民族主義のあらしが吹き始める。

ギリシアの独立に始まり、クロアチア、ハンガリー、ポーランド、セルビア、トラキアなど、数多くの民族を求める思想と現実の動きがあった。東ヨーロッパ諸国の民族主義は、ギリシアなどが口火を切るが、ハンガリー、ルーマニア、ポーランド、チェコ、南スラブ連合などの民族国家の理想を生み出してゆく。ルーマニアのアレクサンドル・ギガ、ポーランドのアンジェイ・ザモイスキ、ハンガリー革命の指導者コシュトー、などの民族的指導者が国家統一という理想のもとに活躍した。国民国家は、オスマン帝国、ロマノフ王朝、ハプスブルク帝国などの帝国に対して民族主義的国民国家という理念のもとに生まれ、この中から「Nationality」という英語も生まれていった。南米でも民族独立の波が来た。

【国民国家の外交原理】

この時代は国益が、国富 Wealth of the Nation や王室財政として存在し、国富や王室財政が国力を左右するものであった。それぞれの国の外交目的は、国益を守り、利得を獲得することが主眼であった。近代主権国家が外交を国家主権の一つの大きな要素としていた時代である。領土獲得と権限の獲得を巡って利益対立が先鋭化するとき、武力が顔をのぞかせる。それぞれの国にとって国益が考慮されるべきものである。その様な発想は、現代の国家の外交の中にも潜んでいるのであるが、この時代は国益が全面的な外交の原理となっている。
絶対王政では、王室財政が潤い強大な国家を作ることが、外交の目的と考えられる。共和政的な政府では国富ということが意識される。市民社会を作る資本家、地主の利害が反映することになる。外交は国家と国家の交渉である。国家は国益を守り、国が利するために外交に臨む。外交は、国益が前提となる。

2　旧植民地主義の時代

【第二期：国民国家が新しい帝国となった】

第二期は、イギリス、フランス、オランダなどの近代国家、国民国家が、大英帝国、フランス帝国などといった新しい帝国になった時代である。これらの帝国は封建的な地域支配を行うのではなく、植民地を獲得してゆく。十七世紀には、オランダとイギリスが市民社会を基礎とした共和国の形をとった国民国家となった。十八世紀には、フランスとアメリカが共和国として近代国家となる。十八世紀と十九世紀は、これらの国が強力な近代国家となりさらに強力な軍隊により植民地を獲得して、帝国へと拡大した。十九世紀末に始まる帝国主義の時代に対して、「旧帝国主義の時代」と言うことができる。大英帝国が世界中に植民地を持ち、フランス帝国がそれに続いていた。オランダがインドネシアなどの植民地を持った。スペインとポルトガルは、これら三国に先駆けて、植民地支配への進出をおこない、既得の植民地支配を達成していた。ロシアが、独自に帝国進出を行っていた。これら列強諸国の中で、イギリス、フランス、オランダが近代国家＝共和政国家の国であった。市民社会の上に構築された国であった。国家主権が外交の前提ではあるが、そこに軍事力の背景があって戦争に勝つことが外交を優位にすることがあった。あるいはむしろ、武力行使＝戦争が優先し、外交は補強に過ぎなかったとも言える。列強の国際関係が軍事力を核として形作られる。

外交が行き詰まるとき、国家は武力的手段をとる。ヒトラーのように最初から武力行使を目論んで動いた例もある。メッテルニヒもナポレオン三世もビスマルクも表向きとしての外交交渉を行ったが、その裏には自国に有利な条件を引き出すことがあった。しかし、外交の背後で常に武力行使を覚悟していた。外交が決裂すると戦争をするということが国家の論理であった。また、戦争を脅しにして軍事力を外交の力にしようとすることが、この時代の外交の形である。一八一四年から一五年のウィーン会議は国際会議で関係国が集まりオーストリア帝国のメッテルニヒがコーディネートした。一八五六年のパリ会議はイギリス、オーストリア、ロシア、トルコ、フランス、イタリアの六か国が参加し、クリミア戦争のあとの各国の利害を調整した。戦勝国は領土獲得や賠償金を獲得するというのが、二十世紀初頭までの戦争に対するルールであった。

ナポレオン三世がホスト役を務めた。一八七八年のベルリン会議は、同じ六ヵ国が集まり、ドイツ帝国のビスマルクが仲介人であった。外交交渉に下準備をビスマルクは入念に行い、手腕を発揮している。各国は自国の利益を得ることを交渉の場で実現している。例えば、フランスはチュニスを占領する権利をこの会議で獲得し、一八八一年に実際の軍事行動を起こして占領を実現している。国際会議は、このような利害獲得のルールのもとに進んでいた。

【十八世紀と十九世紀の戦争】

ナポレオン戦争時代のプロイセンの軍人のクラウゼビッツは、国土と権益を守ることが外交であり、戦争の目的と考えていた。第一期の国民国家の時代、第二期の旧植民地主義の時代は、ともに、国土と権益が外交と戦争の目的であった。アメリカが世界の外交に顔を出すようになる時代、アメリカの論理はデモクラシー、自由、民主主義、といった正義感が顔をのぞかせ始める。

近代国家と近代国家に近づこうとする国々は、戦争を遂行していった。ナポレオン戦争は、ナポレオンが理性の原理のもとに作ったフランス帝国が近隣諸国に対して近代社会の実現のための戦争を遂行して行く。ラファイエットの率いたフランス革命軍の戦争が、近隣の君主制の国家から革命政権＝市民政府を守る性格が強かったのに対し、ナポレオンの戦争は近代社会、法による社会、などの実現という使命感のもとに戦われた世界の理性化のための戦争であったといえる。ベートーベンが礼賛し、ヘーゲルが世界精神と呼んだように、多くの知識人がナポレオン崇拝に浸った時代である。ナポレオンの帝国は国民国家の完成であったと同時に、帝国への発展への萌芽であった。

【同盟】

同盟ということが外交政策の大きな要素となる。ウィーン会議、パリ協定、ベルリン会議などは、十九世紀のヨーロッパ国家間の関係の形を作る会議であった。そして、その後、三帝協約や三国同盟が作られてゆく。一八八一年六月、ドイツ、ロシア、オーストリアの三帝協約が調印された。戦争の時、中立を守ったり、協力したりするというもので軽い軍事同盟である。一八八二年五月には、ドイツ、オーストリア、イタリアの間で同盟が調印されている。これも好意ある中立を核とした同盟である。

同盟は一般に軍事同盟であり、戦争を前提としている。戦争の時に敵を増やさないためのさしあたっての条約であり、永続性は乏しい。外交戦略は同盟に基づいて進められてゆく。同盟を結ぶことが自国の軍事力を超えた他国と協力できるという軍事力を背景に持つことができるというものであった。

【海上覇権が帝国の礎になる】

近代国家ができたとき、軍隊を創設する。その際、陸軍だけでなく、海軍を作ることが重要であった。国内を守るためのものではなく、国の利益を確保するということは海上覇権を握ることであった。イギリスでは、ヘンリー八世のときに海軍が作られた。オランダは海軍力でイギリスに勝つことができなかったため、イギリスの航海条例が生きたのである。クリミア戦争でオスマン帝国がロシアに勝てた原因は、イギリス海軍とフランス海軍がトルコの味方をしたためである。海戦の歴史は近代国家の海上覇権を争う歴史であった。

イギリスは十九世紀には、国際商業、海運業、金融業、保険業などが、大きな経済の要素となっていた。地主階級が金融業を支える資金を提供している。一八五〇年代以降は、さらに鉄道輸出が大きくなっている。その中で、重商主義的な国家経済政策は後方に退いている。一八一三年には、東インド会社の独占が終わり、一八四六年には穀物法が廃止され、一八四九年には極めて保護主義的な政策であった航海条例が廃止されている。また、奴隷貿易はすでに一八〇七年に廃止されている。保護主義的な傾向が薄れ、世界の海は自由競争の論調となっていった。海上支配はイギリスの経済と国際環境の基礎であったといえる。

【国民国家から新帝国へ】

ヨーロッパの歴史で、国家主権ができるということは第一に国家が最高権力であってそれ以上の上位権力がないということを含んでいた。近代市民社会という新しい社会は国民国家、共和国となり国内的平和を守るためにすべての権力と武力を国家にゆだねようとするものであった。近代以前の国家的な権力機構が、人倫的絆や土地支配に結びついたのに対し、近代市民社会は権利と法の秩序によって国内的平和を実現したものである。その市民社会の上に、市民社会を守るための権力組織が近代国家であった。その近代国家が最終的な権力体であるということの宣言が国民主権という概念である。

国家主権の最大の意義は、国家の上に上位権力を持たないということである。上位権力とはなにか?「帝国」である。ローマ帝国以来、ヨーロッパには、帝国が君臨し続けていた。神聖ローマ帝国、ハプスブルク帝国、オスマン帝国であり、ロシアのロマノフ王朝もそれに含めることができる。この帝国は近代国家ではない。近代国家はこの帝国との緊張関係の中でこれらの帝国を解体させていった。

しかし他方で、近代国民国家は、スーパーパワーへと成長してゆく。近代国家は新しい帝国へと拡大してゆく。それは、伝統的帝国が多かれ少なかれ、土地支配権力構造に依拠していたのに対して、近代国家は市民社会に基礎を置きながら、軍隊の力によって世界の海に乗り出し、地球上のあらゆるところで植民地を獲得してゆく。オスマン帝国の支配地をはじめ、インド、中国、アフリカ、南アメリカなどに進出してゆく。

国家は国内的には平和を実現するものであるが、対外的には絶えず戦争を生み出していった。権力＝武力機構の本質であるといってよい。戦争は新しい近代国家の日常的な状況であったといえる。

【植民地と帝国】

この時代の戦争は国家間の戦争であるが、本国のみでなく植民地でも戦われていたことを忘れてはならない。植民地での戦争がこの時代のもう一つの国家的戦争なのである。アヘン戦争、アロー号戦争、セポイの反乱と大きな戦争が植民地支配と不可分な関係にあった。地球のあらゆるところで帝国間の戦争が繰り返されていた。イギリスを筆頭に、フランス、オランダが主役であった。ロシア、スペイン、アメリカがそれらの戦争にやがて関与することになる。

海軍の力は国力そのものということになる。一八九〇年代には列強は建艦競争に突入してゆく。帝国主義の時代は国家間の戦争が激しくなっていき、国家の生命線は海軍力にあった。

3　帝国主義の時代

【第三期：帝国主義の時代】

外交の論理の第三幕は、帝国主義の時代である。一八九〇年から一九四五年は、帝国主義の時代と言える。一八九〇年のヴィルヘルム二世のタンジールでの新航路政策の宣言は帝国主義の時代の幕開けを象徴する出来事であった。新しい生産力構造を持つドイツとアメリカがこの時代の主役であり、日本がそれに続く。新興国が植民地の再分割を目論むところに、帝国主義戦争が生じてゆく。そして、帝国主義戦争は世界戦争へと発展してゆく。人類の破滅が二つの世界戦争で意識された。第二次世界大戦の終了は、帝国主義の論理が終了することになる。

帝国は植民地を持ち植民地支配が外交の役割であった。帝国主義戦争は同盟を通じて拡大し、世界戦争となっていった。同盟は根本的に集団的自衛ということをうたうので、戦争への参加を誘発してゆく。同盟に頼る外交政策は、世界戦争へ至る道に導くものであった。帝国主義の目的は領土拡大、植民地獲得である。それを通じて自国の独占できる市場を確保することである。貿易の利益、植民地支配に伴う様々な利権を獲得することであった。その利権には、プランテーション、奴隷貿易、貿易独占、鉄道進出、市場獲得、原材料や鉱物資源、本国の人々の入植などの確保などが含まれる。世界の分割、再分割は植民地を支配することで広域経済圏を作るだけでなく、様々な将来の利益が得られることがあるので、とりあえず植民地を確保し、権限を独占しておこうとする。

武力と武力による実効支配こそが正義であった。帝国主義は、新しい産業が勃興してきたドイツ帝国とアメリカの世界進出が、植民地再分割をもたらすということに始まる。植民地獲得を正義として主張するということを含んでいた。それを武力で達成しようとするものである。太平洋戦争に突入する前段階の近衛文麿も海外進出を正義としてとらえ、軍事力の行使を是認した。世界の再分割のインパクトはドイツとアメリカの産業の発展、軍事力の巨大化にある。一八九〇年代以降は、戦艦の時代である。戦艦は鉄で作られる。海上覇権が国家存立のかなめとなる。そしてやがて、戦車と飛行機、そして機関銃が大砲と並んで軍事力を決定させる兵器となる。缶詰の普及が兵隊の食糧補給、物資輸送のかなめとなる。鉄鋼の生産力が軍事力を支えるものであった。この時代まで、軍事力を行使し、占領すれば領土を獲得できるということが、帝国主義の基本的な論理であった。戦争に勝利すればそれが正義であり、領土と賠償金を手に入れることができた。

国民国家が国際情勢の中で自国に有利な国際環境を作るために、同盟を模索した。十七世紀から十九世紀まで世界の外交はそのような構造を持っていた。十九世紀末に外交原理は異質なものに生まれ変わる。一八九八年のボーア戦争、同じ年の米西戦争、一八九〇年のドイツ帝国の「新航路」の路線などは、帝国主義の時代の到来を告げる出来事であった。アメリカは、一八二三年のジェームズ・モンロー大統領によるモンロー宣言から、一八九八年の米西戦争まで、孤立主義を保っていた。しかし帝国主義の時代の二十世紀のアメリカ外交は、世界を視野に入れた軍事行動を基礎にしている。

もともと近代国家は、共和政的な国民国家にしろ、王政の国家にしろ、国益を守るための方針を立てていた。絶対王政は重商主義政策で国家を豊かにすることを目指した。市民社会が形成されるとき国内の自由主義は強い経済力を背景に対外的関係にも反映する。そのとき、外交政策の基本も、自由主義政策になる。帝国主義の時代の到来は、国益を植民地支配と結び付けてゆく。帝国主義＝植民地を巡る利害であった。

【帝国主義と民族自決】

帝国主義は、領土を拡大し、植民地を獲得しようとするから帝国主義である。植民地の方では、帝国主義に反対する形で、民族自決に基づく政治的独立、国家形成を模索する。第一次大戦の終了とともに、アメリカ大統領のウイルソンによる民族自決の呼びかけがあり、民族自決に基づく国家建設が「正義」となる。多くの近代国家が二十世紀初頭に生まれることとなった。植民地主義＝帝国主義に対する反発がこの正義を推し進める原動力となっていた。ウッドロー・

ウイルソンは、アメリカが参加できる講和の提案を、一九一七年一月に行っている。1．民族自決、2．海洋の自由、3．軍備縮小、4．勝利なき平和、5．世界平和機構の構築、である。

そして、第二次世界大戦の終結はさらに多くの独立をインド、中国をはじめ世界中にもたらした。インドの場合、独立を達成するということは、悲願であった。マハトマ・ガンジーの運動はインドの独立ということが目標であった。孫文も毛沢東もそのような理想を持つ。一方で社会主義という考え方が、植民地の独立運動に影を落とすとき国民国家の理想と社会主義国建設ということは二重の課題となった。民族主義は時代の落とし子である。

最後に残った植民地アフリカは、一九六〇年というアフリカの年を挟んで多くの独立国を生んだ。これらの近代国家成立の歴史は、民族主義によって進められたといえる。さらに、この民族主義は社会主義が崩壊する中で旧共産主義国の地域に民族主義国家を生み出していった。そして二十一世紀の今日でも、いまだに民族主義に基づく独立運動、政権奪取は民族紛争として継続されている。

【イスラムの帝国としてのオスマン帝国】

第一次大戦以降の国家建設で、アラブは分断された。ユダヤ教を中心として、イスラエルが建国され、キリスト教徒のためにレバノンが建設された。しかし、レバノンは約五〇％がイスラム教徒であり、イスラム教のアラブの国家という側面も併せ持つ。オスマン帝国は、イスラムの帝国であったので、ムルシのエジプト、エルドアンのトルコをはじめ、現代のイスラム諸国の覇権主義的発想は、オスマン帝国を歴史的理想として捉える側面がある。世界をイスラム化するというアラブの理想を体現していた帝国であったといえる。西欧の先進国がオスマン帝国の支配領域を植民地化してゆき、オスマン帝国は衰退滅亡した。それはオスマン帝国のような帝国という体制の時代的制約を表しているといえる。近代国家の時代が中世以来の旧帝国の滅亡をもたらしたといえる。しかし、イスラムの理想からするとき過去の理想と捉える復古主義の根拠となりえる存在であったのである。

【アメリカ外交の世界進出】

アメリカは、アメリカ大統領、ジョン・モンローの一八二四年の「モンロー宣言」以降、対外的孤立主義の立場をとってきた。海外との関係を持つ必要がさほどなかったからである。一八九八年の米西戦争に至る過程は、その方針を一変させる。アメリカは海外に関心を強める。キューバに対するスペインの弾圧に異議を唱えるだけでなく、フィリピンに軍隊を派遣し、スペインと戦争状態に至っている。フィリピンやプエルトリコを米西戦争によって手に入れている。

米西戦争はアメリカが帝国主義に乗り出し、植民地を持つようになるきっかけであった。フィリピンがアメリカの植民地となり、また南米諸国へのアメリカの影響は大きくなってゆく。十九世紀まで、フランス、イギリス、オランダ、スペインが世界を分割していた。そして、帝国主義時代の急成長した国家が、ドイツとアメリカであり、それについで日本も背伸びしてくる。この領土と金融資本主義時代の利権が、帝国主義戦争の動機となる。貿易は国内の成長に新しい市場を加えるという効果をもたらすので、植民地を獲得するということがこの時代の資本主義をささえるものである。さらに植民地を獲得するということは、資本が国家と連携して植民政策、原料確保、プランテーション、鉄道建設など、多くの経済的政策を行うことを可能にする。将来大きな可能性ということも植民地獲得の動機である。取り合えず領土を獲得しておくことで、多方面にわたる利益を生み出す可能性につながることであった。

ジョン・ヘイの開国主義は、アメリカが帝国主義外交に乗り出すことの別表現であった。アメリカは植民地獲得競争という戦略ではなく、門戸開放といういわば「正義」によってアメリカ的利害を国際社会で手に入れようとする。中国が門戸開放されるとき、市場としての中国ということがすべての列強で共有することができ、植民地として囲い込んだ各国の利益は相対的に弱くなるのである。イギリス、フランス、ドイツ、ロシアがその対象国、競争相手国である。

現在、アメリカは世界の警察を自認している。日本政府はそれに協力する体制を安保体制と受け取っている。かつては世界の警察はイギリスが自認していた。一九〇〇年六月の義和団の乱は、日本、イギリス、アメリカ、フランス、ロシアの列強がこぞって抑え込みにかかった。義和団の乱は、民族主義的運動である。日本はこれによって大陸進出の足場を築き、やがて、日露戦争に発展する。アメリカの世界の警察は、アフガンとイラク、そしてＮＡＴＯと国連軍の介入によるコソボ事件などは、民主主義に反する勢力の一掃という大義によって遂行された。しかし、その背景に経済利害がないわけではない。世界の警察ということの主体が国家であるとき、国家利害から離れることはできないのである。

【海の戦略的意義】

近代国家は海軍を持つ。海軍の動きが国家間の戦争である近代戦争のカギを握る。イギリスは海上覇権を握ることで、スペイン、オランダ、フランスを撃破してきた。アメリカ独立戦争は、ワシントンが海上戦争の意義を的確にとらえたことで、海軍の劣勢のアメリカに勝利をもたらした。米西戦争は圧倒的なアメリカ海軍のスペイン海軍に対する勝利であった。近代国家は軍隊によってでき、帝国主義の時代では軍隊は陸軍と並んで海軍によってできている。海軍を強力にすることが国力を意味した。帝国主義の時代は、一八九〇年代に始まる建艦競争の時代と重なる。戦艦は国力そのものであり、日本は戦艦を、イギリスをはじめ世界の先進国に発注することで国家予算の多くを切り裂いた。国力は海軍力、すなわち戦艦の量と質によって作られていた。国家間の戦争は海の支配権と不可分であった。

【社会主義体制と資本主義体制の対立の時代】

帝国主義の時代、すなわち一八九〇年から一九四五年に、社会主義国家が現実のものとなった。一九一七年のロシア革命は、労働者のための国家という目的をもって作られた。革命はこれまでの体制と社会の破壊だけではなく、新しい社会建設を目指すものとして遂行された。労働者とはマルクスの時代は賃労働者、単純肉体労働者でほぼ均質な労働力であった。ロシア革命を経た時代には世界は独占資本主義の時代に突入している。そこで社会主義は二重の使命を持つこととなる。単純な賃労働者が豊かさを求めることを実現するということと、高度な技術を伴う重化学工業を推進するという二重の使命である。社会主義はもともと二十世紀初頭の資本主義の発展を一つの発展モデルとして受け入れているので、スターリンも毛沢東も重化学工業優先の方針をとっていた。社会主義の行き詰まりはそのモデルの時代的変更によってもたらされている。

4　冷戦の時代

【第四期：冷戦の時代】

帝国主義の時代は第二次世界大戦で実質的に終わっている。それ以後、ソビエト連邦とアメリカの冷戦構造があった。第二次世界大戦後は、国家の「安全保障」という国際ルール、国際的正義を建前とするようになる。戦後体制は、①社会主義の登場、②世界戦争が人類に多大の不幸をもたらしたこと、③核兵器が人類の絶滅をもたらす危機をはらんでいることなどの要素が、枠組みを作っている。

社会主義と資本主義は相容れない。当初社会主義は地球上のすべての国が社会主義国となることを使命としていた。世界革命を目指す活動家も多く活動していた。マルクス、エンゲルスの『共産党宣言』は「万国の労働者よ、団結せよ！」と叫んだ。彼らは労働者は国境を超えると考えていた。資本主義国家はそのような社会主義に対する恐怖と背中合わせの時代となり、ヒステリックに軍事強化を目指した。各国の安全保障ということが国益より勝ることになる。体制の維持、共産主義から自由主義を守るという危機意識が最優先し、企業家を否定する社会主義を受け入れることはあり得なかった。

この時代、世界の軍事同盟は、大きく分ければ、ＮＡＴＯとワルシャワ条約機構ということになる。それ以外の国は、それぞれの国の中に社会主義を目指す勢力と資本主義を擁護する勢力の二つが対置する。時として、クーデターや軍事紛争を生み出し、ソビエト連邦とアメリカがそれぞれを支援するという構図ができる。支援は軍事援助が中心となり、代理戦争の時代となる。

アメリカは戦後最高のパワーとして世界秩序の維持という使命感を持つ。国際共産主義運動はアメリカの最大の脅威と考えられることは、アメリカの指導者の共通の認識であった。あらゆる民族解放運動や社会変革運動は、国際共産主義運動と同じ脅威としてとらえられた。ソビエト連邦の脅威と第三世界の紛争は一体のものとしてとらえられる傾向があった。アメリカの対外援助は、戦後二十年で二五〇億ドルに上り、台湾、韓国、南ベトナム、トルコ、イラン、タイ、パキスタンなどに集中した。

【社会主義の歴史的運命】

ソビエトの社会主義建設は、社会主義体制が資本主義の後に地上に実現される優れた体制であることを証明する必要があった。それは、社会主義経済的発展につながるということが、社会主義の一つの使命であった。そのために、資本主義に対する優位を経済的に実現しておく必要があった。経済発展は優れた生産力に依存する。ソビエトが誕生した時代は、重化学工業が生産部門の主力となった時代である。社会主義の政策としてこの産業を育成することが必要ということになる。スターリンの重化学工業優先政策以来、この方針は各政権の基本方針であり続けた。ソビエト連邦は絶えず重化学工業優先の政策を取る。それは当時、アメリカやドイツの生産技術を学び取り入れることによってのみ達成できる。もちろん独自の開発もしなければ優位に立つことはできない。そこに国家的な重化学工業へのてこ入れが行われることになる。鉄鋼業がそのかなめである。

社会主義の崩壊はまさに重化学工業の時代、金融資本主義の終焉ということが時代の原動力となっていたので、歴史的必然であった。時代は、コンピューターを核とした時代に移行しようとしていた。コンピューターの発達が社会主義体制を脅かすものとなっていたということが歴史の裏で進行したことである。金融資本主義の独占体制ではなく、市場に依存した活力が資本主義社会を先導するものとなろうとしていた。市場化は新古典派、マネタリズム、政治的には、国家資本主義体制を突き崩す行政改革となる。そして、外交方針に関しては市場の正義を前提とするネオコンの思想と結びついてゆく。

社会主義の側での変革は、市場原理の導入となっていた。ゴルバチョフのペレストロイカは、社会主義の再建という言葉ではあったが、実質は市場経済の導入、民主化などを進める側面が強い。もともとのマルクスの社会主義の発想は綿工業の資本主義を前提とした労働者像に依拠していた。計画経済の計画部署となるゴスプランにしても、綿工業と農業が主要産業である限り、それなりの活動ができる。極めて難しいといったものではない。しかし、重化学工業の時代になり技術的進歩が絶えざる投資によって行われる時代では、極めて計画は立てにくいものとなる。市場への依存ということが効率的なのであり、むしろそうすることによってのみ経済発展が望めるようになる。社会主義は市場経済との融和ということが大きなテーマとなり、フルシチョフの時代から市場を肯定することへの布石が打たれていくことになる。ゴルバチョフがブレジネフ体制を批判するとき、計画経済を核とした社会主義の離脱への道を歩み始めていた。ペレストロイカは市場化をなりふり構わず進めるという方向を支持する人々に支えられていた。社会主義体制が崩壊するとき、正義は市場の肯定となっていった。

【社会主義体制の崩壊で民族主義が台頭する】

東欧革命の結果、社会主義国の東ヨーロッパ諸国は、次々と資本主義体制に移行した。資本主義は市場と生産が資本家的に行われる経済体制でその成立には一定の時間を必要とする。産業はすべて競争の中にある。資本主義国が既に過度な競争社会に突入している中で、その競争にさらされることは容易なことではない。まずロシアは過度のインフレを発生させ、経済破綻の危機に瀕した。

一九八九年六月、ポーランドでは、共産党と「連帯」による連立政権が誕生した。ハンガリーでは複数政党制が始まった。一九八九年十一月にベルリンの壁は崩壊した。東西ドイツの統一という問題が浮上する。ブルガリアでも九一年、非共産党系の政府が誕生する。

【帝国主義の時代の終焉から冷戦時代へ】

帝国主義の時代は、ドイツ帝国の皇帝、ヴィルヘルム二世が、「新航路」政策で帝国主義進出を宣言したときに始まり、第二次世界大戦の終結をもって終了する。それ以後は新たな要素が加わり外交の論理は一変することになる。外交の論理は時代とともに変化しているのである。

アメリカの対外的積極策は、帝国主義といってもよいが、それ以上に社会主義体制に対する戦いを基調にするようになる。社会主義対資本主義の体制間の対立は、世界情勢を視野に入れた資本主義の防御体制であり、アメリカはこの中で世界の警察、資本主義の守護神の役割を担うものとなる。アメリカ軍がその主役であり、ＮＡＴＯがその道具であった。日米安保体制はＮＡＴＯ軍の世界体制を補完する役割をもつものであった。

冷戦期には、社会主義と資本主義という二つの国家の形が存在し、それぞれ存続の危機を孕んだ緊張の中にあった。国家安全保障、体制の保障が国益に優先した。そして、核兵器の登場がこの緊張の条件ともなった。核と社会主義を前提とした冷たい戦争の時代である。しかし、他面、地域的な紛争が代理戦争を引き起こしていた。代理戦争というのは、社会主義国ソビエト対資本主義国アメリカとの体制の対立構造の中で、両陣営の代理戦争であった。世界のいたるところで、アメリカとソビエトの支援の下、社会主義と資本主義の社会体制の構築をめぐる戦争を引き起こしていた。朝鮮戦争、ベトナム戦争、キューバ紛争などはその代表的なものである。

【ベトナム戦争】

国際連盟は、ウイルソン大統領の主導の下に進んだし、国際連合の創設にもイギリス、ソビエトとともにアメリカが主導権を握っていた。国際連盟も国際連合も平和を目的として設立された。しかし、もう少し踏み込んで考えてみると、国際連盟も国際連合も、それによってもたらされた世界の秩序は決して平和とは言えず、戦後もアメリカは世界の各地で戦争を遂行してきた。

第二次世界大戦後、社会主義と資本主義の体制をめぐる戦争は、ソビエト連邦とアメリカ合衆国が冷戦のもとにあり、熱い戦争は両国の支援の下に地域的に戦われた。一九六一年一月二十日、第三十五代アメリカ合衆国大統領にジョン・F・ケネディが就任する。ケネディ政権がベトナムへの派兵拡大を押し進めた。ドミノ理論がアメリカの世界戦力の基礎にある。ケネディ政権は、就任直後にベトナムのアメリカ正規軍による援助を提言した。ソ連や中華人民共和国の支援を受けてその勢力を拡大する北ベトナムによる軍事的脅威を受け続けていた。アメリカはベトナム共和国（南ベトナム）へ派遣拡大を行う。

軍事活動も、戦後は国家原理に基づくというより体制間の問題を第一としてきた。冷戦体制を前提として、軍事機構と国家政策が一体化している。ＮＡＴＯの下で、西側諸国の軍事政策が成立し、ワルシャワ機構はソビエトを中心とした東欧諸国の軍事政策として存続した。ベトナム戦争（ベトナムでは「アメリカ戦争」と呼ぶ）の時、アメリカは反共の防波堤として戦争を戦った。冷戦終結で、体制間の対立は消滅し、アメリカは世界の警察を名乗るようになる。その中でアンチアメリカを旗印とした諸勢力が、軍事活動を強化した。

アイゼンハワーからブッシュ（父）までの間に、アメリカは世界中に軍事介入を十八回行っている。ソビエト連邦との緊張は、鉄のカーテンが降りてから続く。一九七九年十二月のアフガン侵攻で、デタントの時代が終わる。八〇年は新しい冷戦時代になる。ソ連軍の軍事力が強化される。アメリカ軍の日本での配備も増強される。これらの戦争の中に、アメリカ側からすると資本主義体制の防御と世界の警察という発想がつながっている。

【冷戦と国際連合】

国連は、第二次世界大戦の戦勝国が世界の秩序を作る、というものである。いわゆるP5は、連合軍の主力である。アメリカ、ソビエト連邦、中国、イギリス、フランスの圧倒的力で維持されてきた。その意味では国際連合は、戦後の世界秩序を構築するためのものであった。現実の国家が、反戦・平和という点で、結束するものである。

しかし、国際連合は国家を前提とした組織であり、その構成メンバーは国家である。国家は軍事的能力を前提としているのだから、最終的な戦争廃棄への道はあり得ない。現に、紛争も戦争も絶え間なしに発生している。核兵器競争も継続して起こっている。国際連合は、一九四五年十月二十四日の発足以来、すでに、七十三年の月日がたっている。すでに時代の使命を終っている、という側面もある。

グローバリゼーションという国際社会の根本的変化に対応して、国連に代わる新しい世界平和維持システムを考えるべき時に来ている。それは、戦争と紛争の完全な廃棄、核兵器の廃絶を目指すものであり得る。そうしなければならない。それがこの論考で提案している「世界軍事機構」である。国家という近代の組織が、新しい時代の社会原理に置き換わろうとしているということが、国際連合に代わる新しい組織への移行の基礎である。国民経済からグローバル資本主義への移行という経済社会の変化に呼応することである。

留意しておくべきことは、国連は戦争を無くす機関ではないということである。国連は軍事的機構である。安全保障理事会がその中心を担っている。その目的は、世界の平和である。戦争を防ぎ、紛争を解決する助力を行う。しかし、国連は国家に依存している。その限りで、国家利害を反映している。国家の外交力学の中にある。国連の基本的性格が国家間の軍事同盟なのである。このような本性からして、国連は戦争を無くすことはできないのである。

5　グローバリゼーションと外交の無力化

【第五期：冷戦の終結とグローバリゼーションの時代】

第五期は、社会主義が後退し、グローバル資本主義が登場した時代である。一九九一年十二月に、ソビエト連邦は崩壊し、それに先立ち一九八九年十二月のマルタ会談で、すでに冷戦は終結していた。冷戦の終結に伴う世界の軍事関係の変化は根本的な枠組みを変更させるものであった。それは同時にグローバリゼーションの進行とともに世界の軍事環境を根本から変化させるものであった。さらに言えば、グローバリゼーションというのは、「国家」というもの自体を変質させるものである。冷戦の終結とグローバリゼーションの進行という二つのことが、この時期の外交の枠組みを構成するようになった。国家が主体でありながら、国家の絶対性が薄れてゆくのである。ＥＵに象徴されるように、国家を超えた組織が、国家主権を前提とすることを差し控えるようになってゆく。

冷戦の終結とソビエト連邦の崩壊で、世界の軍事関係の中でアメリカの絶対的優位が確立される。アメリカは、国連、ＮＡＴＯを活用することを含めて、世界の警察を自認し、世界の同盟国、協調国の安全保障を核として世界を軍事的に監視し影響力を及ぼそうとする。そのための体制を構築してゆく。国際連合、ＮＡＴＯをはじめ、日米安全保障条約など、軍事同盟の輪が作られてゆく。しかし、他面、紛争は多発し、民族、宗教、国益、利害対立、権力抗争などが、紛争と戦争を頻繁に引き起こしている。そして何よりもアメリカという国家は軍事産業を政権の中枢部に抱えている国家で、世界中に武器輸出を行っている。ロシア、中国と併せて世界中に武器が輸出されており、イギリスなどの伝統的な武器輸出国も多数存在する中で、日本の安倍政権も武器輸出を始めている。武器の氾濫が世界の紛争の現実となっている。

広く政治的議論の中で、例えば、近代国家の論理と帝国主義の論理、冷戦期の体制間の論理などが、混ざり合って論じられることが多い。これら三つの事柄は違った時代の原理なのである。まず、歴史の底流を見ることが肝要である。特に近代国家は、国家論のひな型として論じられる。国家主権は、現代でも国際関係の大前提であるが、十九世紀後半に同盟関係が外交と戦争の大前提となるようになり、主権を存続させながらも戦争は一国の意思のものではなくなった。

さらに第二次世界大戦後は国際連合やＮＡＴＯ、ワルシャワ条約機構などが、新しい同盟を生み出した。冷戦の終結以降は、ヨーロッパ連合への動きやサミットの成立とともに国家主権は原理として存続しつつも、世界の国家間の密な関係への配慮なくして、単独では作用しなくなってきている。また、サミットが一九七五年に始まったから徐々に内政干渉に当たることが国際会議の場で議論され、要望が出されるようになり、国家主権はかなり後退している現実がある。

【グローバリゼーションの時代の外交と外交の終わり】

現在、国家原理は衰退していっている。グローバリゼーションの進行の結果である。そして今、国家は存立の原理の主要部分のいくつかを放棄し始めている。一九七五年に始まるサミット自体が、国内問題であるはずの経済政策を国際会議の場で話し合い調整する場となっている。その方向は、サミットに限らず、ＡＰＥＣやＡＳＥＡＮ、ＥＵ、ＮＡＦＴＡなどの場で進展している。元来は内政干渉に当たる国内問題も討議の対象となっている。もはや国家主権を維持しながら妥協と話し合いを前提とした協力関係の模索だと言える。

また、ＥＵ軍への模索は、軍隊という国家主権の最高の権限をＥＵという組織に移行することである。国家対国家ではなく、国家連合対国家連合という枠組みになってきている。その主導権をどの国が担うのかということで、アメリカ、イスラムの統一した組織、ロシア、中国が主導権を取ろうとしている。アメリカは「世界の警察」という立場を確保し、グローバリゼーションを推し進めて、世界の経済制度と政治連関を自国の優位にしようとしている。アメリカは、「グローバリゼーション」や「世界の警察」の原理として、グローバル社会の民主主義を打ち立てるということを目指す。イスラム諸国の中には、いくつかのイスラムの理想がある。その理想はかつてのオスマン帝国のスルタンによる超国家的支配という現実があった。トルコもエジプトもＩＳも、それぞれイスラムによる世界支配をもくろんでいる。これらは一種の覇権争いであるが、国家単位の覇権というより、国家を超えた単位での、超国家的覇権の争いであると言える。

近代国家の機能は、市民社会を純化して権力的な要素を社会の諸勢力から国家へと移譲させ一元化するということの上に構築された。近代国家の原則は市民社会を法的社会で非権力的なものにするということが前提となっている。国家は、警察力と軍事力ということが第一の機能となる。この権力的な武力が、外交という舞台の中で、活用されるようになり、国家は戦争の遂行者となった。国家主権とは、つまるところ戦争する権限があるということである。近代国家が成立すると、国際戦争が常態化し、帝国主義が生まれ、覇権主義が生まれることになった。今、世界は、国際戦争と帝国主義を排除する傾向を持ちつつ、覇権主義でおおわれている。経済的＝平和裏にということを覇権主義の方法としているのは方便にすぎず、背後には軍事力行使の可能性がある。

歴史や民族の見方は、恣意的になりやすい。愛国心が裏で作用する。習近平の中国の夢は中国の巨大な領土を正当化する。また、イスラム諸国にとってかつてのオスマン帝国の歴史的存立は、イスラムの世界支配の根拠となりうる。民族の歴史は栄枯盛衰があるのだから、その繁栄期の領土は巨大なものとなり、侵略の正当化という作用を持つ。歴史認識にとって重要なことは、いかに領土権が正当なものであるかという議論ではなく、いかに調整ができ、民族の平穏を保てるかということになければならない。領土の正当性の主張は、平穏ではなく戦争につながる。この考え方自体が危険思想であるという認識が必要なのではないだろうか。

【グローバリゼーションをもたらすもの】

グローバリゼーションは、主に次の三つの要素から生まれた。第一は、エマージングマーケットと世界の市場の統合化である。社会主義圏の崩壊に伴う市場化は新しいエマージングマーケットをもたらした。エマージングマーケットは、中国やブラジル、インドといった旧植民地での市場経済の進展ということがもう一つの大きな要因である。

第二にＩＭＦ体制の崩壊に伴う、デリバティブの発生などを核とした新しい金融システムの進展である。一九七一年のニクソンショックは世界管理通貨体制の崩壊をもたらし、金融を中心とした自由主義市場の進展をもたらした。金融の自由化、デリバティブの発生、投資銀行やヘッジファンドなどの新しい金融資本の登場、M&Aの進展などが世界の金融市場のグローバル化をもたらした。

第三にIT技術の革新による世界の経済インフラのグローバル化がある。IT技術の発展は、ME革命に始まり、インターネットの普及によりIT革命となり、そしてAIなどの技術革新に至る。IT技術は、国家を超えた経済活動のインフラを作り、さらに国境を越えた経済活動、社会構成へと繋がっている。オフィスの革新、生産の革新、マーケティングの革新から、社会生活の革新、市場の革新につながっている。広範囲のインターネット販売からAmazon goなどの小売りの革新、イケアやH&Mなどに見られるように、グローバルの視点からの販売網の構築はグローバル企業の競争の一環となっている。

【冷戦終結後の外交の原理と国際機関】

冷戦の崩壊以後、外交の原理はグローバリゼーションとともにあった。外交は国家主権の重要な要素であるが、国家は国益のための外交を行うという原則が国際社会から非難されることがあり得る時代となった。国家を超えた組織が次々に作られてゆく。貿易に関しては、GATTはWTOに置き換わり、中国も加盟することになる。APECが経済協力の場となる。

一国の経済に他国が意見を述べ要望を出すことは内政干渉として国家主権の侵害を意味したが、いまや国際会議でそれは国際協力として肯定されるだけではなく、さらに協力を推進しようという方向になってきている。サミットは、国家首脳と外務大臣が集まる場ではなく、国家首脳と財務大臣が集まり、経済問題と経済協力を相談する場となった。主権は大きく後退している。国家連合組織が、前面に登場している。ＥＵ、ＮＡＦＴＡ、ＡＳＥＡＮが次第に有力な協議の場となり、マーシャルプランに始まる経済援助は、国際的なファンドと重なって恒常的なものとなってきている。ＩＭＦは単に通貨の管理する機関というよりファンドとしての国際経済協力の役割を持つようになっている。ＡＤＢやＡＩＩＢは名実ともに経済インフラを構築するためのファンドである。

【冷戦の終結】

社会主義の行き詰まりは、結果的に、冷戦を終結させ、ソビエト連邦の崩壊と東欧革命とつづく社会主義の崩壊へと繋がってゆく。冷戦の終結によって世界の軍備に変化が生じる。アメリカは大幅な在欧米軍の削減を行う。一九八九年以降、二十万以上の米軍を撤去させた。八九年二十一万七千人の陸軍は九六年に六万五千人になる。旅団数は、十七個から四個になる。アメリカの国防費は八九年三七八億ドル削減した。一三％の削減である。ロシアは四三％の削減を行っている。

冷戦の終結によって、社会主義国がアメリカの脅威ではなくなった。それによってアメリカの新しい仮想敵国として、中国が浮上する。ブッシュ（ジュニア）政権は中国を「戦略的競争相手」と位置づける。「恐るべき資源を持つ軍事的競争相手」が登場してくる可能性を見ていた。しかし、それは冷戦という対立ではない。中国は一九七八年以降、革開放路線をとるようになる。そして鄧小平の一九九二年の南巡講話以降、一段と積極的に市場化を進めることになる。世界の社会主義国はもはや社会主義を放棄し、資本主義化への道を歩み始めているといえる。ベトナムのドイモイも、そして、今年、金正恩が中国に電撃訪問し、その後、韓国の文在寅との会談で、南北統一を打ち出し、米朝会談でアメリカとの確執を解決しようとしている。その背景には、北朝鮮が中国と同様、資本主義化へのかじを切り始めているといえるのである。社会主義圏との外交問題は、体制の問題ではなく、国家間の外交の問題に集約してきているといえる。

【冷戦終結以後の外交を担う要素】

冷静終結以後の外交の原理は次のような要素からできている。

第一に、アメリカが世界の警察を自認し、世界の体制を指導しようとしている。

第二に、テロという非対称的な仮想敵の出現である。二〇〇一年九月十一日のテロ攻撃で、アメリカの軍事政策に本土防衛ということがクローズアップされた。

第三に、民族的対立、地域的紛争が多発している。もはや、先進国の利害対立という要素は薄くなってきている。社会主義と資本主義の代理紛争という要素も消えている。民族主義、地域社会の利害などの論理による地域紛争である。

第四に、ＩＴの発達によるサイバー攻撃の脅威が生まれている。

第五に、宇宙空間が軍事的に利用される可能性が強くなっている。

第六に、世界のあらゆる地域の民主化への動きがある。二〇一一年のアラブの春はその代表的な例である。

第七に、ＢＲＩＣｓに代表されるような新しい経済大国の登場と世界中での市民層形成への動きである。

第八に、いくつかの国の覇権主義の台頭である。

第九に、労働力の国際移動という事態である。

これらの状況に合わせた外交が課題となるが、それ以上に外交の主体、軍事の主体となる国家そのものが変質してきている。この国家の変質に伴う外交の役割の相対化を見ておこう。

【国家の変質と国際機関の役割の増大】

かつて国家主権は絶対的なものであった。そのことは近代国家が始まって以来の外交の原則となっていた。戦争をすることが国家主権行使の最終手段であり、国家は戦争を繰り返してきた。冷戦時期も戦争は繰り返されてきた。朝鮮戦争、ベトナム戦争、ドミニカ共和国の戦争、アルジェリア紛争、パレスチナ戦争などを初めとして数多くの戦争が行われてきた。冷戦が終結しグローバリゼーションの時代に入っても戦争は多発している。イラク戦争、アフガン戦争、ユーゴスラビア地域に多発した戦争、ソマリア紛争、南北スーダンの戦争、アンゴラ紛争、シリア内戦など数えきれない戦争が多発している。

ただ、これらの戦争は国家間の戦争ではあるが列強として国家対立に基づく戦争ではない。帝国主義は背後に退いている。大国の帝国主義的意図は存続し続けているが、それが露骨に戦争と結びつくことは避けられている。国家利害は国際秩序の正義と結びつく形で主張され、どうしてもやむをえない事態になった時、国際世論を考慮しながら戦争に突入してゆく、という形になっている。アフガン戦争、湾岸戦争、イラク戦争、コソボ紛争などの形である。

【国家と世界的な政治機構のすみわけ】

国家主権が揺らぐ中で、国家主権を絶対視するこれまでの考え方から離れなければならない。

これからの時代で、主権のうちすべての国家がまず放棄すべきことがある。第一に、戦争を無くすことができる時代になることへの対応である。第二に、外交に関する権限である。この二つの主権の内容は、国家主権の中で最も重要なものであった。しかし、時代はその主権を薄くし始めているのであり、さらに世界軍事機構への移譲へと進むことで、戦争と外交以外の主権に関する他の項目、すなわち経済、行政、社会保障、教育、財政などを維持し、戦争を地上から廃棄するという道に進むことができる。

外交の主体は国家である。そして外交の結果として結ばれた国際条約は、しばしば破られた。北朝鮮が核廃棄の条約を破ってきたことは、人々はよく口にする。アメリカも、約束を破って武力攻撃を行ってきたことは、リビアやアフガニスタンに見ることはできる。ヒットラーはポーランドやソビエトの不可侵条約を破って第二次世界大戦を仕掛けたし、第二次世界大戦の終盤、ソビエトは日本との条約を廃棄して、中国への進出を行い、日本軍に宣戦を布告した。国家ではないがＮＡＴＯも、国連の憲章に基づいて作られているにもかかわらず、国連憲章に違反する形で、コソボ空爆を開始した。国家は、軍事を行使するとき条約や約束事を破ることが頻繁である。武力こそが正義であるという側面が国家の外交の背後に潜んでいる。条約を廃棄するときの理由は何とでも付けられるのである。国民や国際世論は考慮する必要があるが、それすら風化させても国益のために武力行使を実施することはあるのである。

【冷戦終結とアメリカ外交の転換】

ケナンの封じ込め政策の論文（ジョージ・F・ケナン著『アメリカ外交50年』岩波書店、第二部「ソビエトの行動の源泉」一九四七年六月に発表されている。）以降、アメリカの外交筋は絶えず社会主義国の「封じ込め」を外交の基本としてきた。冷戦の終結によってアメリカ外交の基本方針が変化する。中東の石油集中地域の保護と海上の安全保障を維持することが、世界の体制を守ることになる、という方針である。

このような基本方針に基づき、アメリカ外交は、世界の警察、多国間主義、国連とＮＡＴＯの活用ということによって一つの国家であるということの枠を超えている。アメリカは世界の警察であることを自認している。世界の警察という役割を、国連やＮＡＴＯ、協力的な諸国（ヨーロッパ、日本、韓国、台湾）と共同で行いアメリカがそれら諸国間で指導的な役割を握ろうとしている。国際連合とＮＡＴＯと安全保障の同盟がそのための機関としてアメリカに協力し、アメリカが世界の安全を守る戦略を立てている。

自由交易はアメリカ経済の生命線である。海運は世界の貿易のインフラであり、世界経済はグローバル化する中でますますその重要性を高めている。資本主義諸国はこの点ではアメリカと同じスタンスにあるので、アメリカが世界の海上交易を守ることを歓迎する。世界の海が安全になることはグローバリゼーションにとって不可欠である。その海上覇権は、現代に続いている。アメリカが世界の海を六つの地域方面軍で支配することによって、世界の警察の地位を築いているのである。

【世界の警察】

しかし、ひるがえって考えると、世界の警察は一国がやろうとすると二重の要素を持つことになる。一つは世界的な視野、もう一つはその国の国益である。いわばひも付きとなる。なぜ世界の警察になるかというと世界の平和秩序というのは表面的な表現に過ぎない。その背後にアメリカの国益が潜んでいる。世界経済体制はグローバルになっているので、世界の海洋を守ることは資本主義国全体にとって必要なことである。特に、石油の権益や貿易路が重要である。そのための費用分担という発想も出てくる。

アメリカは、ＩＭＦ体制のかなめの位置を持っていた。アメリカの金の蓄積はアメリカドルと金の兌換を前提として、ＩＭＦ体制が作られた。しかし、アメリカのドル散布政策でＦＲＢの保有した金が徐々に減少し、やがて枯渇した。金保有の枯渇がＩＭＦ体制の崩壊を導いた。しかし、世界貿易体制、特に石油の保護は軍事的に護られる必要がある。それが、グローバル資本主義の大前提であった。

世界の警察といっても、これは元来、警察的な活動ではなく、国家の軍隊による活動である。

警察という言葉自体、平和の秩序ということを印象付ける方便に過ぎない。国家の共同による軍事同盟的意味合いを持ったものである。国家の軍事同盟を統合的に行うということは、費用分担という問題が出てくる。アメリカが世界の警察という役割を持つのは、世界の多くの国が賛同しているからである。同盟関係にある国々は費用分担を考慮せざるを得なくなる。

冷戦以後の世界は、アメリカがイギリスとの協力によって世界の警察となろうとしている。NATOはもともと社会主義から資本主義体制を守る軍事組織であった。一九八九年の冷戦の終了で、その歴史的役割を終えたにもかかわらず、アメリカの世界の警察という構想の中で、その政策に協力する機関として、NATOをアメリカは維持しようとしている。ヨーロッパ諸国といっしょに存続させている。国連はアメリカと緊張関係を持ちつつも、世界の警察の一翼を担っていることは否めない。

クリントン政権（1993年1月20日―2001年1月20日）は、一国による戦争から多国間主義、国連中心主義に転換している。そこには、ソビエト連邦の崩壊と東欧革命によって共産主義の脅威がもはや体制間の問題ではなくなり、冷戦が終結したことによる外交方針の基本的転換がある。社会主義対資本主義の闘争において資本主義が勝利したといわれる。しかし真相は闘争における勝利ではなく、歴史の大きな波がもたらした時代の変化にすぎないのである。もともとソビエト型社会主義が資本主義の金融資本主義に対応した内容でできていたから、金融資本主義の崩壊が社会主義の崩壊でもあった。歴史の皮肉なのである。それが社会主義崩壊の真の事情である。社会主義は超歴史的な永続できる体制であったのではなく、産業資本主義の裏返しとして始まり、金融資本主義の時代の落とし子として生まれたのがソビエト連邦を中心として作られた社会主義体制だったのである。

市場化は、軍事的緊張関係、対立を緩和し、さらに権力的・武力的な対立を排除するという効果を持つ。ブッシュ政権が中国の軍事力に警戒感を持っても、アメリカ経済界が中国市場への関心を強めるようになると、政治は譲歩する。中国が貿易と投資の面でアメリカにとって重要な存在となるとき、最恵国待遇をあたえられる可能性もあるし、その時軍事的警戒感は薄らぐことになる。そして二〇〇一年十二月に中国のWTO加盟が実現して、中国はアメリカの経済的関係国の位置を強くした。トランプ政権の方針のように保護主義的政策を取り、自国の利益を優先するというアナクロイズムは、第一に自国の経済力を世界的競争の水準から遅れさせ、劣等にし、その次には武力的対立を辞さなくなる。トランプ大統領が、グローバリズムを否定しようとも世界の資本はグローバルになる方向で進んでいる。

他方でイデオロギー的な政治方針が逆の方向を取らせることはある。一九九〇年代中葉以降、中国は軍事費を、一〇％を超える伸び率で拡大し続けている。このことに、アメリカや日本は神経をとがらせることになる。このような軍事と経済の対立する政策は、ロシアにも見られるところである。また、北朝鮮は、一九九三年に弾道ミサイル「ノドン」の発射実験を成功させた。九八年九月には、「テポドン」の発射実験を行っている。そして、金正恩の時代になり、二〇一七年にＩＣＢＭを持つに至っている。核開発は国家を存続させる防衛政策の一環といえなくはないが、その後の融和外交で北朝鮮が優位に対話を進める道具とも言えそうである。

【トランスフォーメーション】

冷戦の終結によって、多くの国々は軍備縮小に向かった。アメリカは、一九八九年から九四年までの間に国防費を一三％削減している。ロシアは四三％の削減を行った。イスラエルは半減させ、サウジ・アラビアも三分の一以下にした。しかし東アジア諸国は国防費を増やしている。日本は削減することなく、ずっと横ばいを継続する。冷戦は、社会主義国に対する資本主義体制の防御であるので、防御を課題としていたアメリカと西欧諸国がまずそのための軍備を必要としなくなったといえる。逆に新たな脅威はイスラム圏や民族紛争の存在する地域にあるので、これらの地域の軍備費は減らない。

冷戦の終結によって、世界の国家群の中でアメリカは圧倒的軍事的優位に立つ。アメリカは軍の編成替えに着手する。クリントン政権は世界の警察を自認した。その原理として、民主主義国の支援、国連中心主義、多国間主義をとっている。「トランスフォーメーション」と呼ばれるものである。アメリカが他の同盟国と協力して世界の安全保障を守ろうとする考え方である。しかし同時に、一九九四年四月にはハイチ、カフカス、ボスニアを攻撃している。九三年七月にはバグダッドに空爆を行っている。長距離精密攻撃システムが中心になる。「軍事における革命（ＲＭＡ）」と呼ばれる戦闘の形である。トランスフォーメーションでアメリカ軍が世界展開をいつでもできる体制を構築しようとしているのである。

トランスフォーメーションの原理は、安全保障にある。アメリカは、ＮＡＴＯ加盟国をはじめ、世界の多くの国が同盟関係を持っている。想定される敵対国は、ロシア、中国、イラン、イラク、北朝鮮などである。二〇〇〇年の状況でアメリカの軍事配備は、非対称的脅威があること、二つの大規模地域紛争に同時対応できることが、条件であった。９１１テロ以降、本土防衛ということが、それに加わっている。

アメリカ軍を中心として世界の秩序を作るということで、世界とアメリカの安全保障は、「民主主義を促進する」ことで達成されていくという考えである。アメリカとイギリスが中心になり、世界の警察として機能するということである。

アメリカの巨大な軍需産業を世界軍事機構が取り込み、そして削減してゆくという道程は、至難の業であるように思える。アメリカという国は軍需産業がロビー活動などを通じて、政府を支えている。少なくとも、銃の保有も含めて武器製造が国家体制と深く結びついている。アメリカの世界軍事機構への加盟を実現するためには国家の役割の再検討が必要である。国家から軍需産業を切り離し、軍需産業はまず世界軍事機構もしくは世界徴税機構の監督・指導下に置かれなければならない。武器は世界軍事機構もしくは世界徴税機構だけが需要先となる。アメリカの軍事態勢に関しては、関連の法律やアメリカ合州国憲法の改正が不可欠となるのではないだろうか。

【核兵器の時代】

第二次世界大戦は核の時代の始まりであった。戦後の冷戦は核戦争と表裏の関係を持つようになっていた。核を背景とした軍事力の競争の時代であった。核は人類の滅亡につながる。第一次世界大戦、第二次世界大戦の悲惨を上回る悲惨をもたらす可能性がある。しかし、冷戦は核戦争を前提としているから冷戦になったという側面がある。核を使用することへの抑制ということが冷戦という時代の姿であったともいえる。

プーチンとトランプは核の具体的使用に動いている。単なる抑止力ではなく、小型の核兵器を開発し、実際に使用しようというものである。核兵器と通常兵器の境目がなくなっていき、核兵器が戦争の道具として具体性を帯びてくる。

【多国間主義と国連主義】

国際平和に関して国連の役割の強化を願う声がある一方で、国連は使命を終わらせようとしていると考える人たちも出てきている。新しい世界平和の維持システムが考えられてもいい時代と感じられている。アメリカが世界の警察を自認し、アメリカがトランスフォーメーションを実行するということが世界の秩序維持の大きなファクターになっていることは否めない。その中でアメリカは協力国と国際機関との協力という方向性を持っている。しかしアメリカそのものが、巨大な軍需産業の上にできていて、戦争を否定する方向にはないということも留意しておく必要がある。

時代の変化をとらえるうえで、我々はより根本的な変化を認識する必要がある。それはグローバリゼーションという現実であり、それは国ごとの市民社会を超えたグローバル市民社会が発生してきていることである。近代の歴史を振り返るとき、近代戦争の原因となる遂行者は「国家」であった。最終段階としての国際連合も、元々、戦争を遂行した連合軍の残滓でしかない。

【戦争廃絶への道】

十九世紀には、様々な同盟が世界の列強の力関係を左右していた。そして、第一次世界大戦のあと、国際連盟ができて世界戦争への対処としての国際組織という発想ができた。しかし、その後、第二次世界大戦という未曾有の悲惨を迎えることになった。その反省のもとに国際連合ができた。反省というのは軍事力が平和には必要であるという結論であった。抑止力や武力による平和は世界平和につながるという想定である。結論から言うと、この流れの中に、世界平和を実現する道は開かれない。われわれは新しい時代の中で、自然な社会の進展の中で、地上から戦争を一掃する道が開かれる時を迎えている。近代の歴史の中で、国家が戦争の主体であったということへの反省こそが第一に重要な事柄である。国家そのものが「悪」なのである。その点を認識することが、戦争を終わらせる道への第一歩である。

第三章　国家原理の否定と尊重

1　国家原理の後退――ＥＵの教訓

【国家の役割の減少】

国家の役割は、一九八〇年代から減少してきている。そして、国家の性格自体が変化してきてもいる。そこにはいくつかの原因があるが、それら全体を動かしている大きな歴史の流れがある。本質的な事柄は、金融資本主義が国家独占資本主義を作り、国家主導の資本主義体制ができていたことが根本から崩壊したことにある。それはまた、近代国家の成立以来の国家原理の一部修正として表れている。国家独占資本主義の崩壊は、市場主義の台頭という変化となっている。その背景にグローバリゼーションの進行がある。グローバリゼーションの進行は、グローバル企業の増大によって加速し、グローバル資本主義をもたらしてきている。それは、ＩＭＦ（国際通貨基金、International Monetary Fund）やＩＢＲＤ（国際復興開発銀行、International Bank for Reconstruction and Development）などのグローバルな協力組織を形成させその役割を大きくさせている。

国家独占資本主義の崩壊は、一九八〇年ごろに世界の先進資本主義の現実となった。財政政策に依拠した国家の経済的役割が衰退した。日本では戦後財政投融資を中心とした財政政策が経済成長を支えていたが、財政投融資の矛盾が指摘されるようになり、国家財政の無駄遣いや不適切な公共事業への批判が高まる中で、三公社五現業の民営化、日本道路公団の二〇〇五年の民営化などが行われた。郵政の民営化で財政投融資の規模も縮小してゆく。ケインズ主義の終了とともに、国家の役割は小さくなってゆく。

もう一つの国家の役割の変化は、通貨にある。国家はその権威によって紙を紙幣として貨幣にした。金本位制からの離脱、管理通貨制の構築であった。一九三〇年代に先進各国は管理通貨制に移行していった。そして第二次世界大戦後世界的な制度として、自由主義体制の通貨決済制度が出来上がった。ＩＭＦ体制という世界的な管理通貨体制でアメリカドルが特別な役割を担った。世界各国の中央銀行は、固定為替を前提としながら国内的な金融政策を行うことができた。基軸通貨としてのドルをもつアメリカのみが、自国の金融政策を世界経済に吸収させることができた。この体制はドル散布をもたらし、世界経済をインフレーションに巻き込んでいくが、それはある程度の歩調合せのもとで行われていた。

ＩＭＦ体制が一九七一年のニクソンショックとともに崩壊する。企業は決済制度の安定を自ら対処しなければならなくなる。人類の知恵は、デリバティブというリスクヘッジシステムを生み出していくことになる。しかし同時にこのデリバティブは極端な金融膨張を生み出していった。金融の自由化の時代がやってくる。それは同時に金融恐慌を多発させる時代でもあった。また極端な収奪を推し進め、格差社会をもたらしていった。金融は独自の歩みを始める。国家の金融政策はこの時代の経済の安定を目指した調整をする能力をかけることになる。金融膨張は金融暴走につながっていった。

国家が財政政策をコントロールできなくなり、巨大な財政赤字を蓄積してゆく。国家の金融政策は巨大な過剰通貨の供給につながり、金融膨張をもたらしてゆく。株価の高騰がつづく。政府は景気拡大というが、金融膨張は、格差を生み出す収奪機構を生み出してゆくという結果になっている。

【国家から離れた経済の拡大】

国家の経済政策の無意味を説くことが経済学の主流となっていく。ハイエクが振り返られ、新古典派やマネタリズムがもてはやされる。世界経済の発展は自由化政策でもたらされると考えられるようになる。社会主義とケインズ主義の弊害からの脱却で世界の市場が拡大するとみなされた。インドのラオ政権以来の自由化政策の成功、鄧小平を中心とした改革開放路線による中国の発展、ブラジルのカルドーゾ政権のハイパーインフレからの脱出、これらの自由化政策の実績を受けて世界の経済は市場を尊重することで発展するという基本基調で支えられることになる。一九八〇年代は自由市場政策が正義となった。レーガン政権、サッチャー政権をはじめ、世界は政治的保守主義と経済的市場主義の時代になる。

【国家原理の後退】

では、国家が行政的機能を変質してゆく中で、国家の役割は不要なのだろうか。あるいは、何らかの意義のある役割を担うべきなのだろうか。あるいは、国家はどのような機能を温存するべきなのか。結論から言うと、現時点で国家の重要な役割がいくつかある。どのような機能を温存しどのような機能を放棄するのが適切なのだろうか。行政改革、小さな政府の模索、柔軟な柔らかい国家、などが望まれる一方で、外交、軍事という本来の国家主権の一義的なものを温存し続けているのが現状である。通貨を管理する機能はどうなのであろうか。金融政策、財政政策の機能はどうなのであろうか。

【国家の役割の変化】

国家機能を明確にし、国家機能と役割を吟味検討しておこう。

国家の機能は、次のようなものがある。

1. 宣戦布告、戦争の遂行、防衛など軍事的機能
2. 警察、海上保安庁など国内の治安を守る活動
3. 外交など他国との交渉
4. 貨幣の管理など、中央銀行を通じての金融政策
5. 租税の徴収による国家財源にかかわるものとそれを使用しての財政政策
6. その他の経済政策
7. 社会の規律や活動を指導監督する行政政策
8. 医療・保険・年金など国民の健康・生活を守る社会保障
9. 教育行政
10. 労働者に関するサポートを行う労働政策と社会政策

国家のこれらの活動は、国家主権と不可分に結びついていた。現在、それが崩れてきている。戦争、警察、外交、貨幣管理は国家的な部分と世界規模の組織になるべき部分とを持っている。戦争に関しては、世界組織を作ることで廃棄の方向に歩むことができる。警察に関しては国家的な活動と国際組織が調整されるのが望まれるものと思われる。外交は経済面などの協力関係が中心になり、領土問題は世界軍事機構にゆだねられることで、紛争の原因となることを避け

ることができる。貨幣管理に関しては、経済混乱の経済のカジノ化の対処のためには世界的な組織が必要になってくると考えられる。

今後、国家の役割は、財政、経済政策、行政政策、社会保障、教育行政、労働社会政策などの分野で行われていいし、意義を持ち得るものである。加えて人倫的な思想がそれらに絡むことで人々の生活に文化的要素を強くすることができる。

【戦争と国際機構】

外交の主体も戦争の主体も国家であった。しかし、今では世界はアメリカを中心とした体制の枠組みに縛られ、大国間の外交意図と不可分になっている。冷戦後の世界では、国家対立が覇権主義と結びつき、その枠組みを考慮しながら自国の存立の枠組みを作ろうとしている。

現在の世界の動向を左右しているのは、いまだ国家である。ＥＵにしても、国連にしても、国家が構成要素となっている。ＮＡＴＯももちろん国家が構成し、協力している。国家を離れて組織は存在していない。ただ、国家の役割が小さくなり、グローバル市民社会が育ってきているという世界の変化もある。ＥＵ、国際連合、ＮＡＴＯなどは、経済的協定を超えたものであるので、国際経済の調整では済まない。国連は国家が構成員であるので、安全保障機能を目指すものでありながらその目標を達成することはできない。ＮＡＴＯもアメリカを中心とした参加各国の安全を保障しようとするものであるが、国家の外交政策が顔をのぞかせる。

【民族性】

国家の背景には民族性がある。民族性は地域によっては紛争の原因となる。また、国家利害や国境問題も民族的感情と結びついて紛争の原因となる。また、それは対外的な対立が民族関係に反映することもある。国内的な民族間の敵対が支援国を持つことで武器供与につながると戦争へと発展してゆき、双方が支援や武器援助を受けることとなる。イスラム国の場合なども、アサド政権、イスラム国、北部解放同盟などを、諸外国の干渉と支援して対立が複雑化し先鋭化していった。ウクライナもチェチェンもコソボもソマリアもスーダンもアンゴラもそれぞれ外国との関連の下、資金供与と武器支援を受けながら泥沼にのめりこんでいった。

民族性は別な形で対処されなければならない。人倫は非武力的に対処され、国家的対立や利害に巻き込まれないとき、人々の安寧と文化的生活につなげることができる。

【ヨーロッパの軍事事情】

一九八九年のマルタ会談で、ゴルバチョフはＣＳＣＥ全ヨーロッパ安全保障協力会議 the Conference on Security and Cooperation in Europe の復活開催を提案した。ＣＳＣＥは、一九七五年に三十五か国の加盟で設立された会議である。一九九〇年の十一月パリで開催されている。しかし、歩調は一定しない。目指す方向性が明確でないからである。行き当たりばったりの組織では軍事機構には至らない。

ＥＵは、軍事の面では成功していない。ヨーロッパは実質的に国家単位の軍事になっている。イギリス軍、フランス軍、ドイツ軍をはじめ各国の軍隊が国家主権のもとにできており、戦争の危機を廃棄するというモネ（Jean Monnet, 1888–1979）の構想と夢は、夢想の域になってしまっている。方法が逆だったのではないだろうか。統一市場を作り、ユーロ圏を作ったのは、一つの成果であるが、軍事機構と核の管理の機構で失敗している。それは、ＥＵが、超国家的機構になっていないものといわざるを得ない。

【ＥＵとの連携】

グローバリズムの推進は、グローバル市民社会に何が必要かという視角から行われる段階にきている。グローバル市民社会の形成は地球全体に武力廃棄の要望を実現させる出発点となる。ＥＵの形成の歴史的意義でひとつの重要なものは、ＥＵＴＯＲＡＭ、ヨーロッパ軍の創設といえる。それは途中で反発にあい実現しなかったが、その方向が完全になくなってしまったわけではない。ＥＵはＮＡＴＯとは別に、ＥＵ独自の軍隊を持つ計画がまとまった。二〇〇三年までにヨーロッパから最大四千キロメートル離れた場所に、最大六万人規模の軍隊を六十日以内に展開させ、一年にわたって作戦を継続できる能力を持つことが目標とされた。しかし重要なことは、その軍隊を世界平和につなぐことである。その意味では、今の段階では、ＥＵ軍の創設は不要であるといってもいい。とするとＥＵの意義も限られたものととらえておいていいのではないだろうか。ＥＵの存在は、経済的なものとのみ把握しても差し支えないのである。

【ＥＵは国家か？】

第二次世界大戦の中から、国際連合が生まれ、ＥＵへの模索が始まった。その中で、ＥＵとは国家の否定であるのか？ＥＵは、国家連合か、国家間の協定か、それ自体が国家か。あいまいなのである。国家論的省察がいまだ不十分である。欧州石炭鉄鋼同盟として始まったということでは、その段階では国家間の協定に近いが、国家を超えた組織であった。その成立の意図が明確ではない。したがって組織が錯綜している。

では、ＥＵの創設の意図と意義はどのようなところにあるのだろうか。最初に理念があるのではなく、歴史的推移によって形成されているという性格もある。①経済的な共同体に始まって、②あらゆる市民社会的要素に広がり、③国家の主権の移譲という側面を持つに至っている。

この三つの事柄を考慮しながら、ＥＵの内実を見よう。

第一に、市場統合である。国境による市場分断が克服された。

第二に、人々のアイデンティティの中に、「ヨーロッパ人」という観念が強くなった。例えば、カタルーニャの人は、カタルーニャ人で、スペイン人で、ヨーロッパ人である、といった具合である。

第三に、EUの市民社会が作られてきている。EU内での大学の自由な選択や人権の保護、言語学習の広がりなどである。EU内での労働移動が自由であるという点も大きい。

第四に、共通外交、共通警察への試みがある。

第五に、共通通貨のユーロが十八か国で採用されているという点である。EUの主要国は、共通通貨による決済機能などが、EU経済全体を共同なものとし、経済発展の後押しをしている。

第六に、企業のEU化である。EUによって企業の超国家的M&Aが進んだ。経済活動の広がりが、国家単位からヨーロッパ単位として進んでいる。これは、ユーロの効用にもつながっている。

【EUの問題点】

これらはある程度の効果をもたらしている。しかし同時に、EUは多くの問題を抱えている。

第一に、システムの複雑化である。立法機能、司法機能の加盟各国との調整が不完全である。

明確な立法に基づく行政が行われていない。いわば、法治主義が不完全で、刻々の法律と補完調整しながら、維持されている。設立に備えて国家の機能と市民社会の機能、ＥＵの機能の検討が不十分であったため、ＥＵ委員会、コミッション、欧州議会の構成が複雑で幾層にもなっている。国家統合のむずかしさともいえるが、理論的準備不足であったと言わざるを得ない側面も見える。

第二に、言語問題である。公用語が九言語あり、会議記録など九言語に翻訳しなければならない。二千八百人のＥＵ官僚（ユーロクラット）がそれにあたっている。巨大な無駄である。共通言語と国家言語を峻別するべきではないだろうか。例えば、共通言語は英語だけにし、国家言語は国家レベルで教育や生活行政に生かせばいい。その方が、人々の言語生活がスムーズで、人倫的福利に適うのではないだろうか。

第三に、ＥＵＴＲＵＭやＥＵ軍の未成立である。軍事的にはＮＡＴＯ依存の状況が継続し、各国主体の軍隊という点を超えない。軍事産業もそのまま温存でＥＵ統制下に入っていない。国家の方がＥＵより実質的な機能を保持し続けていると言える。ＥＵＴＲＵＭの不成立で原子力管理は行われず、フランス、イギリスが核兵器を温存するという状況のままである。改革の望みはない。

第四に、労働力移動に伴う問題が発生している。安い賃金の地域の労働者が高賃金の地域に移動し、その地域の賃金を引き下げている。労働力移動による賃金と労働の機会の問題が発生している。

第五に、ギリシア、イタリア、スペインなどの財政赤字が、ユーロの問題に影を落としている。財政破綻が他の地域への悪影響をもたらしている。財政政策は国家的規模で行われるので、経済政策に統一性が欠ける。財政政策の効果も薄い。

第六に、ＥＵ憲法と各国憲法の関係が明確にされていない。国家主権が各国にあるかないかが不明瞭なことと重なっているのではないだろうか。憲法は国家を構成する基礎なので、その部分が不明瞭である限り多くの混乱が発生することになる。国家主権の最大の意義は、国家の上位に権力が存在しないことであった。ＥＵはその意味で国家を超えるか超えないのかという点があいまいである。ある意味で妥協の産物と言えなくもない。裁判所の機能、法の統一の不完全という問題が残らないかということも、今後、解決しなければならない課題である。

【ＥＵの教訓――国家と超国家的政策】

ＥＵは人類に多くの教訓を残している。国家体制そのものと国家を超える変革によって多くのグローバル市民社会の要素が築かれていっている。大学の選択、労働力と人の流動化などがそれであり、経済インフラが国家を超えて形成されていっていることもグローバル市民社会への進展であるということも言える。ＥＵが、国家を超えた存在であるということは、近代が近代国家を大前提にして成立している社会であるということを考えると、ＥＵは過渡期的なものと言えそうである。国家に関する理論とそれを超える組織の論理が整理されなければならない。現在の状況は、国家という前提が依然強力な現実であり、ＥＵはいまだ妥協の産物であるといわざるを得ない。

「国家を超える」という新しい時代の原理はＥＵから出てきている。それは国家主権の部分的否定を伴っている。国家のモデル自体が変更される。しかし残念なことに、ＥＵの創設者たちには、国家や市民社会や経済体制の理論や法制度の理論が不十分だったように思われる。人権も国家に基づいていたし、税金や社会福祉もすべての制度が国家という単位から作られていた。そして、人は何よりも国民でなければならなかった。しかし、現在人々は言語的文化的には即ち民族的にはその地方の文化・人倫に属し、国民としては国家に所属し基本的人権を国家によって保障される。また、ＥＵのメンバーとして、ヨーロッパ人というアイデンティティも次第に持つようになってきている。地方議会の選挙、国家の選挙、ＥＵの選挙に投票する、ことになるのである。

ＥＵは次の三点を進めると主権はさらに後退する。①ＥＵで共通外交をとること、②ＥＵで共通財政政策を取ること、③国別割り当ての官僚機構。ＥＵの選択は、過渡的である。ＥＵを強化しようという発想が、このような方針になるとき明確な論拠にかけているのである。財政や行政機構、官僚制度が国家単位であっても弊害は少ない。それよりも、今、世界的に必要なことは、軍備を国家が放棄し、世界機構に移行させることである。その時、ＥＵという発想より、世界という発想が必要である。そのとき、文化的統合よりも、軍事的統合のほうが優先されなければならない。そのほうが可能であるし、戦争廃棄は世界中で人々が虐殺されてゆく中で、緊急の最重要課題であるのだから。

ＥＵの国家主権の一部放棄は、無駄を生み出している。民衆の意思がＥＵ議会から離れている。ＥＵ議会は遠すぎるし、国家的決定につながらない。世界にも関連性が薄い。今、ＥＵがやっていることは国家に任せて大きな問題となることは少ない。共通市場はいい。しかし、ユーロや金融政策、そしてさらに財政政策、外交、官僚機構という問題になると、原理的整理が必要である。

【ユーロをめぐる問題】

ユーロ成立には決済通貨としての役割ということがあった。世界の貿易決済は、おおよそ七〇％がドルで決済され、ユーロが残りの三〇％の大半で、円が数％というのが現在の決済の現状である。決済機能ということでユーロがあるというのは、アメリカドルに対する地域覇権への意図がある。市場統合の便宜やヨーロッパ企業の有利さということもある。しかし、より根本的な通貨問題はユーロ運営の視野の中にない。今、世界の通貨制度は岐路にある。一九七一年から七三年にかけてのＩＭＦ体制の崩壊で、それ以後の経済状況は大きな転換を迎えた。国家独占資本主義の崩壊は、ひとつのファクターとしては、通貨の崩壊から来るデリバティブの発達を起点とした新しい金融制度の始まりによってもたらされている。金融革命ということができる。管理通貨制が崩壊しているわけではないが、自由化とは安定性への志向が世界の金融の現実となり、世界経済はカジノ経済へ突き進んでいった。通貨制度の改革には投機経済への対応と金融恐慌への対応が含まれなければならないが、ユーロ創設の意図はヨーロッパ市場と貿易決済という点にとどまっている。経済の不安定要因への制度的対策は、ユーロを含め世界の通貨政策の今後の課題である。

ユーロの経験を踏まえ、国家を超えた世界通貨を創設することとは、投機的不健全な経済は半減の可能性を持っている。あるいは通貨に起因する経済パニックの多くをなくすことが可能になる。ＦＸ・ビットコインなど通貨をめぐる投機やそのデリバティブに発展した投機の芽が摘まれ、デリバティブの多くが不要にもなるので、経済危機の可能性の多くも排除されてゆく。アリババやフェイスブックなどに見られる新しい決済方法は、過渡期のあぶくか、新しい決済制度のインフラとなりえるかは、今後のなりゆきを見るしかない。

【EU改革とEU解体の可能性】

共通市場は、世界の方向性である。TPPもその一つで、歴史的必然である。さらに進めて、すべての関税を撤廃することは、時代の方向性と考えていい。特権ではなく経済的平等な機会が、完全撤廃によって部分的に構築できるのである。国家的特権はもはや不要である。

フランスのマクロン大統領は、EU改革の柱として、共通予算・共通財政と国債の共通化を唱えたが、国家原理はさらに希薄になるのだから、この部分は先送りにしてもいいし、今の状態でこれをやれば、地域間の不協和音を生み出す結果になるだけではないだろうか。

EU官僚が、民意から遠いということが、ポピュリズムの台頭につながった。イギリス独立党UPIPのナイジェル・ファラージュは、EUを敵視する。EU官僚は民主主義赤字を生み出していると批判する。イギリス国内の情勢が格差拡大などの結果になっているという意見も多い。EUは、人倫的政策よりも市民社会的政策の方に重点を置かれるという性格がある。

国家に関する理論、憲法の機能、行政の役割、人倫の意義、市民社会の概念枠の整理、財政政策の国家に持つ意義の再検討、金融政策がどの程度必要かに関する理論的反省などが必要である。通貨制度の世界的視野での立て直しの検討も必要である。このような検討を行うとき、EUの役割が過渡期的なものとして新しい体制に移行することになる可能性は大きい。そして何よりも大切な課題は、軍事機構と外交機能に対する世界的視野が必要なことである。

【拡大ＥＵの意味】

ＥＵは創設以来拡大し続けている。周辺国がＥＵへの加盟に動き加盟国が増え続けている。なぜ周辺国は、ＥＵ加盟を望むのか？ＥＵに入るメリットがあるからである。それは、賃金が上昇する、就職の機会が拡大する、その国の経済状況はＥＵ企業などの進出によって活性化する、といった経済的理由によるものである。

【国家連合・国際組織への動き】

国家の役割が減少する中で、グローバル化が進展し、国際的な協調がますます必要になってきている。世界的な共同の規制が模索される時代になってきて、これまでの国際的な機関や制度、国際会議の在り方が見直されるようになってきている。ＩＭＦ国際通貨基金、ＩＢＲＤ国際復興開発銀行の役割はそれぞれ変質してきている。ＷＴＯはグローバリゼーションの中で創設され、今後、どのような役割を担えるのであろうか。マーシャルプラン以降、ＯＤＡなどの基金と結びついた機関、ＪＩＣＡなどは、国家主導であるが、その国際的役割は根本的な再検討を迎えるのではないだろうか。今の段階では、国家がこれらの国際協力の主役である。国家を超える実体はまだ育っていない。ＡＤＢやＡＩＩＢなどの世界的な開発基金の役割なども資金提供国の国家主導である。

その背景で決定的なことは、税金＝財政が国家に握られていることである。国際会議は国家間の討議の場である。国家利害が顔をのぞかせる外交の場でもある。ＡＰＥＣ、ＡＳＥＡＮ、ＮＡＦＴＡ、ＥＦＴＡも同じである。ただ、このような場ができることで世界の協調、協力関係が進展しているという成果はある。しかし今後、国際組織の在り方は国家の役割の変化とともに、大変革にさらされることになるのではないだろうか。

【国家原理を否定すれば】

他面、国家原理に固執することから現在の紛争と戦争が起こっている。近代社会は国家を作るということによって多くの戦争を生み出してきた。パレスチナとユダヤの対立も国家によって解決しようとして、イスラエルを作りそして戦争を作ってきた。中東紛争は、国家から例えば、大前研一氏の提唱するような「ＡＵ」（アジア連合）（大前研一著『最強国家ニッポンの設計図』小学館、二〇〇九年）のようなものを創設すれば、消えるということはいえる。新しいまとまり「ＡＵ」にすれば、すべてが国内問題として、人権の問題として処理することができる。その中で信教の自由を保障すればいいのではないだろうか。

チベットも国家建設に固執することで大きな紛争となっている。中国という国家とチベットが国家として独立したいという願望の対立である。新疆ウイグル自治区も同じである。民族主義が国家建設の根拠となる。と同時に戦争を引き起こす。台湾の問題も根本には、国家という枠での対立である。それが世界情勢に応じて外交の枠が作られている。アメリカのアジア圏の防衛構想と中国の覇権主義の対立の中に、台湾は巻き込まれてしまっている。大前氏は、「中華ユニオン」を作ることで両国の受容性は高まると主張する。

【連合国家の提唱】

ＥＵのような国家連合による新しい主権国家の創設は、様々な地域紛争を和らげる一つの段階と捉えることもできる。アラブユニオン、中華ユニオン、インドユニオン、などで、世界の紛争国家を統合することが可能であれば、戦争の多くが回避できる。地域紛争を解決する一つの段階と言えるかもしれない。

しかし、このようなユニオンが、ＥＵをモデルにする限り、編成の難しさに直面せざるを得ないのではないだろうか。ＥＵには理念と理論が希薄である。ＥＵには近代国家のような組織としての実体的な基礎が欠けている。ＥＵは、国家との役割のすみわけが場当たり的である。ＥＵの拡大ということがＥＵの統一性を崩してゆく、というような根本問題がある。言い換えれば、ユニオン成立には主体となる組織の編成が難しいのである。むしろ紛争解決という問題から発想した方がいいのではないだろうか。その時はユニオンよりも世界軍事機構という選択を取った方が具体的可能性を持つように思われる。

【EUと軍事力】

ＥＵと世界軍事機構の発想は逆方向の側面を持つ。ＥＵは、統合市場の形成が第一である。共通の市場ができた。労働力が国境を越えて移動するようになる。さらに通貨を統一し、ヨーロッパ中央銀行を創設した。共通の金融政策を行うようになる。一方で、ヨーロッパ軍は多くの人が望みＥＵ創設の大きな根拠であったはずであるが、かつてドゴールやサッチャーといった国家元首から強力な抵抗に遭い、実現していない。原子力を統一管理下に置く、ＥＵＴＲＵＭも実現していない。その意味で国家主権への強い執着があったといわなければならない。国家が、人倫であり権力機構であるということが、そのまま存続しているのである。経済は国家を超えやすい。ＥＵは経済が国家を超えるための制度的補強であるというのが現実である。その意味では、ＥＵはグローバル資本主義からグローバル市民社会へむかってのヨーロッパの歩みではあるが、国家原理の修正には至っていないのである。

世界軍事機構は、ＥＵと違って国家原理の修正から出発する。それは軍隊という権力＝武力を国家が放棄し、世界軍事機構に移行させることから始まる。いわば国家主権の譲歩から始まる。

【EUの未来】

世界軍事機構というものを想定すれば、EUの役割はヨーロッパ共通の市民社会の形成と維持ということになる。共通外交は一部の人が唱えているが、必要なくなる。EU軍という発想はいったん消滅し、現在では創設への要望も日に日に大きくなっているが、必要がなくなる。全体的にいえば、EUの役割は、ヨーロッパ市民社会の推進・整備と民族的人倫的保護政策という二側面から構成される。民族的人倫的政策は、国家の役割が大きくなるので、EUが国家になるという方向は意味なくなってゆく。

それぞれの事柄を個別に考察しておこう。

第一に言語政策である。言語教育は、二つの要素で行われるのがいい。一つの共通言語の教育である。国際社会の進展、企業の多国籍化に応じて人々の教育の中に共通語の習得ということが大きな意味を持ってくる。英語でいいのであるが、ドイツ語、フランス語、スペイン語、イタリア語などが求められる可能性は高い。もう一つの言語政策は、民族言語の習得や方言などを尊重することである。例えば、バスク語やウエールズ語など、ヨーロッパには多くの言語があるだけでなく、方言も数多くある。地域ごとの教育でそれらの文化的価値、人倫的価値が見直されることは望ましいことと言える。

第二に、教育である。EUでは教育は大学が国家単位で国家政策に結び付くよりも、ヨーロッパ全体のベースになってきている。今後もその方向は、そのまま推進されることになると思われる。しかし、国家も何らかの教育政策を大学に反映する必要がある。国家の人倫的政策が教育に反映される。初等教育は高等教育より人倫性や地域の要請にかかわるので、地域的な性格がより反映される。一貫した教育政策が国家主導で進められることは教育政策のもう一つのかなめである。ただ他方で、グローバル市民社会という側面の教育政策が進むことは世界的な傾向である。

第三に企業のヨーロッパ化とグローバル化が進められる。市場も生産も国単位、ヨーロッパ単位、グローバル単位になっていく。それは市場と労働力の移動がＥＵによって実施されたことが基礎にある。

第四に、ユーロの問題がある。これは世界の経済の動向と深く結びつく。現在の金融のグローバル化の中で、金融恐慌を避けること、不健全な投機経済＝カジノ経済を規制することは世界レベルでのみ可能といえるが、規制をする主体がＩＭＦやＩＢＲＤでは不可能である。新しい視野が必要である。「規制」よりも世界組織の構築が必要なのではないだろうか。ユーロを超えて、世界通貨を創設するという案である。そうすれば、経済に混乱と不平等をもたらす投機と収奪構造が、世界通貨の創設で歯止めがかかる。アービトラージ、デリバティブ、仮想通貨、ＦＸ、が抑えられる。また、世界組織による金融規制で実効性がもたらされる。即ち、すべての通貨は統一され、ユーロもドルも円も元も消えてゆくことになる。通貨の発行・管理を担う機関として、世界中央銀行が創設されなければならない。国家の金融政策は世界中央銀行の政策にとってかわられることになる。通貨を管理するものとしての中央銀行の在り方が問われることになるが、もはや世界中央銀行は大きな金融政策を必要としない時代が来ると考えられる。

各国の中央銀行が国民経済を前提とした通貨政策、金融政策を行ってきた。一九三〇年代の金本位制からの離脱によって通貨は各国の管理のもとに財政と結びついた。金融政策も国民国家を想定したものであった。現在ではそれが機能しなくなってきている。経済はもはや国民経済を乗り越えてしまっているからである。

第五に、国家主権はどうなるのであろうか。世界軍事機構の加盟国が国家主権を保持するとすると、EUは上位権力となるのでEUは成立根拠を失う。主権の中身を分割し、世界軍事機構とEUと各国、もしくは世界軍事機構と各国、に振り分ける憲法措置が必要なのではないだろうか。さらに言えば、世界組織ができるときEUが解体され、EUから世界組織に多くの機能が移行されてもいい。この点は、現在の状況がすでにあいまいであり整理されていないことは現時点でのEUの問題である。現時点での課題である。世界軍事機構をくわえた新しい枠組みでの三者――、国家、ヨーロッパ連合体、世界軍事機構――の三つの憲法を作成する必要がありそうであるが、ヨーロッパ連合体は解消されても問題はない。

【軍備がなくなると外交の大半がなくなる】

外交は、絶えず軍備を背景にした国益の主張である。軍備がなくなると、外交の役割は極めて小さくなる。今の時代は、自国の利益を優先させる外交を必要としない。国益を前提とした外交ということそのものが実は戦争を生み出すものであった。今の時代の国際関係の論理は、非外交的になってきている。双方の利益ということと自国の利益ということは対立する。ＡＰＥＣでも、ＮＡＦＴＡでも、ＡＳＥＡＮでも、自国の利益より、双方の利益を前提とした話し合いが始まりだしている。といっても各国は自国の国益を棚上げにしているわけではない。国益を損なうことは何としても避けようとするし、国益を増やす機会は外交の前提として、背後に潜んでいる。アメリカが巨大な軍事力を背景とした外交交渉を行おうとするとき、国際社会の舞台で非難される対象となる。

【戦後外交の要素】

戦後の外交は二つの要因が作用している。一つはもはや帝国主義戦争の論理は通用しないということ。もう一つは社会主義という要素が体制の問題として外交と戦争の基本に位置しているということである。その背景には、国家の利害が横たわっていることは、一貫した外交の条件である。ただ、優先されるのは、自国の安全保障である。そのうえでの国益である。そして、経済活動の国際環境を促進することである。低開発国の政治的自立と国内政治情勢の安定を目指すことが、権力奪取に始まり、統治の目標となる。

【国家の役割で消滅すべきもの】

結局、国家の役割で消滅すべきものを国際的な視野でとらえると、92ページで述べた十項目のうち、

1. 宣戦布告、戦争の遂行、防衛など軍事的機能
2. 外交など他国との交渉の一部
3. 貨幣の管理など、中央銀行を通じての金融政策

の三つである。3の貨幣管理は共通の土台を考察する中で進められてもよい。すると、戦争と外交ということになる。その受け皿の期間を構築することが国家の在り方を考察するうえで肝要なこととなる。

【平和の行動的外交】

日本は平和国家を憲法九条の戦争放棄とともに、国是としていた。しかし、そのための活動を必ずしも行ってきたわけではない。世界が核保有の現実からして、今、戦争放棄を世界に広

げる時が来ている。戦争を放棄するということは、もはや国家主権の一部を放棄するということである。日本はそのことを第二次世界大戦の結果、憲法に記載されることになった。

そして、二度の世界戦争への反省から、国際連合ではなく、ＥＵが模索された。国際連合は、第二次世界大戦での連合国の目指す世界秩序という文脈の上にできている。ＮＡＴＯは社会主義体制との緊張の中での資本主義体制維持のための軍隊であって、必ずしも世界平和のための機関ではない。アメリカ軍の主導のもとに組織されているということを否めない。これらの状況を踏まえ、戦争廃絶のための新しい世界組織への一歩を踏み出すべきときが来ている。

2　国家の温存すべき役割

【温存すべき国家の機能】

温存すべき国家の機能は、大別すれば、二つになる。一つは「人倫」の尊重・保護であり、もう一つは市民社会を発展させることである。市民社会の発展はその国の市民社会の充実ということもあるが同時に国家レベルの市民社会をグローバル市民社会に連関させてゆくということも含まれる。

まず、「人倫性」と国内行政を検討しよう。近代社会で「人倫」と「市民社会」は対立概念であった。ヘーゲルは、市民社会の原理は「欲求の体系」であり、「人倫の解体」をもたらすものと捉えた。テンニエスの「ゲマインシャフト」と「ゲゼルシャフト」という概念の中に、テンニエスは、社会の二つの要素のそれぞれの場所を見出そうとした。しかし、時代の傾向は、ゲマインシャフトの衰退であることは否めない。

【人倫の重要性】

現在と未来では、国家のイデオロギー性は、人倫の尊重として機能する。近代社会、民主主義などは人倫という社会集団と対立する場合が多い。では、なぜ人倫が大切なのであろうか。人の幸せは、第一に自然＝本能、第二に文化の中にある。人倫は自然と文化の融合する場所であり、現在社会が徐々に自然と文化を失ってゆくとき、精神は虚脱感に見舞われる。虚無がはびこる。したがって人倫の保存は人間という存在に欠かせない要素なのである。

では、国家が人倫的原理を生かしてゆくには、どのような政策が可能であろうか。

日本人が、日本人同士で暮らす。親族が寄り添って暮らす。家族は、人々に平穏と生きる場所の価値を与える。しかし、時としてそれらは煩わしくなることがある。権威ある父親の威光と対立することがある。職業の選択が阻害される。共同体に縛られる。人倫は情緒的共同体であるので、愛に包まれた生活を過ごすことができる。国家はもちろんこれらのことに干渉すべきではない。これらの事柄の人々の自然な生活にゆだねる。国家が干渉する必要はないのであるが、ただ、国家の政策の中で、社会保障や教育ということを考えるときは、人倫に関する配慮は必要となる。

【国際協調】

国家の機能のうち、軍事と外交を世界組織に譲るとして、残りの機能は国家が保持すべきものと国際協調によるものとになる。グローバル市民社会の成長の中で、国際協調はグローバル市民社会の充実に寄与することが多い。国際協調は、第一に経済的な活動で必要である。第二に、警察、教育などのグローバル化が進む。国際協調は、多くの場合、グローバル市民社会の発展につながることになる。

より詳細に言えば、

① 警察、海上保安庁など国内の治安を守る活動がある。

② 租税の徴収による国家財源にかかわるものがある。そのことに関しては世界徴税機構案についてすでに述べた。世界徴税機構は国家財政のような財政政策を行うことは初期段階ではありえない。推移していく中で世界規模での財政政策が検討されることはあるものと思われる。その時は新たな協定と各国の批准が必要となる。

③　海外支援に関連した経済政策がある。この場合、国家が海外支援に関与するのだから、国益が何らかの意味で考慮すべきものが含まれることになる。

④　国際協力の中に行政的な支援がある。社会の規律や活動を協力・指導監督する行政政策が経済支援などと絡んで発生することは否めない。

⑤　医療・保険・年金など国民の健康・生活を守る社会保障はさしあたり国家の大きな役割である。ただ、先進国の医療を受けたいという裕福層の動きがある。インドなどでは巨大な病院が作られている。今後、この分野での国際的な協調体制は進んでいくものと思われる。

⑥　教育行政も国家の大きな役割である。留学は近代社会の成立とともに国家建設の一翼を担ってきた。現在では、アメリカの大学院の過半数がインドや中国からの研究者で占められている。世界規模での教育は、高校教育段階でも進んでいる。世界中にキャンパスを持ちグローバル人材を養成しようという大学、大学院も数多く形成されつつある。今の段階では私的教育機関がそれを担っている。あるいはフェトフッラー・ギュレンのヒズメット運動による大学のようなコミュニティが担う場合、宗教団体が担う場合がある。私学が基礎を担い、宗教団体による設立などはあっても、国家の支援プログラムは関与の根拠は薄いものと言わざるを得ない。国家の立場が微妙なのである。

⑦　労働者に関するサポートを行う労働政策と社会政策も国家の重要な役割である。現在の対

応は国家単位である。ただ労働力の国際的移動が増加している中で、各国はそれぞれの規制を設けている。しかし、国ごとに規制に大きな開きがある。基本的には送り出し国と受け入れ国の双方で、いかにこの人々の基本的人権が守られるかという視点が基本となっている。

【国家主義からの離脱】

国家原理が薄らいでゆく時代に突入している。しかし、国家原理は社会の基本であり続けている。時として、グローバリズムは国家主義への回帰、民族主義の復活を呼び戻す。言語的価値伝統の復興が望まれる。バスク語、カタルーニャ語、タガログ語、クルド語など民族的言語として民族の統一への糧となる。言語的価値・伝統の価値などが、見直される。その時、文化的価値の復興が望まれる。

かつて、近代社会の原理は文化的には「啓蒙主義」という形で世界の思想と哲学を導いた。それは同時に「ロマン主義」という民族精神の復活を望む思潮となった。啓蒙主義は近代のほとんどの哲学者思想家が求めたもの、尊重したものであった。ヴォルテール、カント、ダランベールの名前を挙げるだけで十分ではないだろうか。一方のロマン主義は、グリム兄弟とノヴァーリスを挙げれば、内容の想像がつく。

【ポピュリズムの台頭】

二〇一七年は、ポピュリズムの名のもとに保守主義が台頭した年であった。グローバリズムの広がる中で、民族性、人倫、文化などを尊重したいという考え方である。アンチグローバリズムの広がりが、先進諸国に発生した。直接の関心は、難民や移民の移動、国際的な労働力移動が招いている。トランプ大統領が「アメリカファースト」を唱えるとき、グローバリズムを尊重するドイツのメルケル首相、フランスのマクロン大統領など、ヨーロッパ諸国の中から批判の声が上がった。厳密にいえば、国益を最優先とする外交の時代は終わろうとしているといっていい。トランプ大統領の見識は、最後のアナクロイズムである。

社会の風紀、秩序、文化などの伝統社会が失われることに対する反発であった。人間の幸福は、本来の自分の環境にいることで得られる。自然を守ることと文化環境を守ることは人々の幸せの原点である。自然→文化→文明の中で、金銭が関与するのは文明のみである。自然と文化は基本的に金銭と対立する世界である。お金で幸せは買えない。あるいはごく限られた幸せしか買えないと言ったほうがいい。文化が文明で破壊されることが近代の不幸であった。

【ポピュリズムとグローバリズムの否定】

国家は市民社会と対立する。国家原理と市民社会原理は正反対のものである。市民社会は商品の論理の直接的繁栄であり、法秩序、権利を尊重した社会である。それに対し、国家は元々武力的権力的な機構である。しかも国家はイデオロギーによってできているという点で意思を反映し、当為（should）を持つ。市民社会は当為性をもたない。

グローバリズムは、市民社会的なものである。グローバル市民社会が形成されつつあることが現在の世界の到達点である。市民社会が国家を要請したところに近代国家が成立した。外敵から市民社会を守るということが第一の任務であった。グローバル市民社会は、国家を要請する必要はない。対立する市民社会がないので、警察機構さえ機能すればよい。

グローバリゼーションとともに、労働力移動が国境を越え、資本が生産拠点を含めて国境を超える。その時、市民社会がグローバルに形成され始める。ただ、国民性、民族性の尊重は、もう一つの反グローバル化のインパクトとなっている。国家は、自国の市民社会と人倫を守るというもう一つの使命を持つことになる。

近代という時代は、人倫から人間の自己意識が独立するというところに近代人の尊厳があった。近代の登場とともに、人間は人間に向かって解放された。そこにルネサンスの意味もあった。元禄文化は町人の世界に人倫から抜け出た解放感もあった。自由奔放な生き方はいい。しかしその裏面に、寂しさが併存する。その時家族が最後の人倫として情緒的集団を形作っていたが、現在では、その家族自体が崩壊するファクターが進んでいっている。

【人倫を生かす国家政策】

第一に、自然の保護と農地の近代的所有に対する保護の政策が考えられる。例えば、コモンランド（入会地）を確保するということが検討される。コモンランド住居と自然の両面で、いい環境を人々にもたらすことにつながる。所有の絶対性と違った経済領域を尊重することになる。またナショナルトラストという自然保護も地球環境を守る一つの手段である。このような自然をも守るという政策は国家の人倫保護政策につながるものである。

第二に家族や文化を守る政策があってもいい。国民の休日もそのような国民文化的視点が欠かせない。教育政策でも重要な部分となる。クリスマスは何よりも家族の日である。人々は家族に包まれることを時として望む。日本の正月も家族と親戚の日であった。特別な「ハレ」の日であった。言い換えればこれらの日は人倫の日である、とも言える。

国家は民族性という点から、「国民」であるということを尊重する。国家は多くの場合、選挙権、被選挙権、労働する権利、土地の所有権などを国民の権利としている。あるいは移民や外国人に対してこれらの権利を制限している。土地を外国人に買われてしまうと、例えば日本という国家が中国人のものになってしまう。通天閣の周辺の町が、福建省の中国人の所有になってしまっている。新大久保がイランや韓国人のものになってしまっている。土地購入に制限が入ることは、日本という国家を防御することである。グローバル市民社会と人倫の間の相克が今後の課題となっていくことになるのは避けられない。その時、国家は人倫を守るということが、一つの使命となる。国家は、もともと人倫である。民族的帰属意識が国家の出発点であった。国家がいわゆる「悟性国家」になり「契約国家」（カントやルソーの概念）になるとき、国家の人倫性は薄められてゆく。そして国家は市民社会的なものとなる。しかし、国家はもともと市民社会の対立物である。市民社会を前提とし、市民社会を守るという役割を近代国家は持ちつつ、他面では人倫的、イデオロギー的存在なのである。近代国家の使命が、市民社会を前提するということになり、国家は法的な存在、悟性的なものになり、その中で自然と文化を尊重する国家のもう一つの役割が存在するのである。

3　国家とグローバルな平和組織――国連とNATOの限界

【国連と国家】

国際連合は、「世界機構」とは厳密には言い難い。国家が加盟メンバーであるだけでなく、国家が国際的に外交を行う場でもある。国家主権が大前提であり、しかも国家主権の平等主義が国連の一つの原則である。外交の場であるということでは、列強＝大国が大きな役割を持っている。現在では、大国主義と普遍主義の相克の中に総会が停滞をきたしているのが現実である。主権平等主義に則って総会が運営される。百九十を超える加盟国が平等に一票ずつ持っている。大国主義は安全保障理事会を動かし、常任理事国が頻繁に拒否権を発動してきた。外交の場で利害対立があると進まなくなる。この二つの原則がいずれも国連の活動を制約する結果になってしまっている。

第二の原則は、植民地独立主義である。ウッドロー・ウイルソンの理念の時から民族自決の理想の上に国際連盟ができ、国際連合はそれを受けついでいる。しかし、国家とは何か、国家は近代になぜ生まれたか、ということの中に民族自決も考えられなければならない。民族の原理を至上のものとすることと政治的目標とすることは、時として紛争と戦争を生み出す結果となる。

市民社会が成長していないところに国家を作ろうとすると、武力的に作るしかない。近代の創設期に、絶対王政が軍事力で強力な国家を作ったのと同じような事情になるが、アフリカなどでは、国家を作り、独立し、政権を掌握するということが、クーデターや内乱武力闘争虐殺が繰り返される結果を生み出してきた。

第三の原則は、国連憲章五十一条の集団的自衛権である。「個別的または集団的自衛の固有の権利」を謳っている。「同盟」は、第一次世界大戦でも第二次世界大戦でも、戦争が拡大してゆく役割を担っていたのである。軍事同盟の一つの危険な側面である。

【グローバル市民社会と国家】

グローバル市民社会が新しい社会の形であるのに対して、国家は旧い社会の原理である。伝統社会と近代国家という社会の実体は、近代の形成期には、対立する二つの原理であった。伝統社会が人倫的旧社会であり、近代国家が新しい時代の原理、市民社会論理に依拠して登場した。そして国家は現在に至るまで近代国民国家の理想として政治的まとまりの原理であり続けている。しかし、今やグローバル市民社会と近代国家の対立というものが新しい対立であり、国家は伝統社会的要素を包み込み、グローバル市民社会が新らしい地球の原理となろうとしている。その時、新しい時代の波に対して「国家」という存在が様々な対応を迫られることになる。

【グローバル資本主義の形成は国家原理を薄くする】

法律のみならず、グローバルなインフラ形成、国家的規制の撤廃などが世界的な課題となってゆく。これは一時的な風潮、傾向ではなく、実体を伴う永続性を持つものである。企業は規制の強化という変動に対しては対応せざるを得ないが、規制が強くなる時、企業はその国から撤退せざるを得ない場合が出てくる。海外企業の撤退が経済的リセッションに結果することになる。自由な経済活動の容認を恒常的な体制として作ってゆくことが世界の趨勢である。グローバリゼーションがはじまったばかりの今の段階では、国家原理と世界の経済環境、社会環境の対立が頻繁に発生している。

市民社会が未成熟なところに、民主主義的な国家は存立できない。ただ、上からの改革で市民社会を育てる政策を取ることはできるし、民主的な国家制度を構築することはできる。世界史上で、ナポレオンの功績は大きかった。ナポレオンはフランス革命の精神の落とし子であった。近代的な度量衡をメートル法をはじめ、ナポレオン法典で民法・刑法・商法を核とした市民法をフランスにもたらした。教育制度を近代化し、近代科学の施設を整備した。プロイセンのシュタイン＝ハンデンベルクの改革は、ナポレオンの影響下で進められた。民主主義的行政制度の建設であり、ヘーゲルはその中に市民社会的行政の原理を見ていた。私たちは、近代国家が市民政府的要素以外のものを持つことを自覚しておく必要がある。十九世紀末に民族の独立の波が吹き荒れたとき、市民社会は未成熟であった。その時、近代国家を作るという運動は、市民社会の未成熟という問題に直面する。国民国家 Nation State は、近代国家の形だと考えられる。しかし、それは民族国家であり単なる権力機構であって、国民の基本的人権につながらないということはあり得るのである。

基本的人権は、国家によって保障される。すべての人類は基本的人権を持つと考えるのは空想でしかない。国家なくして基本的人権は存在しない。「世界人権宣言」は、妄想的な宣言に過ぎない。現実ではないのである。基本的人権はローマ世界の市民権に発する。市民権はCitizenshipであってこれが国籍である。Nationalityという言葉は、十九世紀末の東欧で普及した。それは、国籍とは訳すことができないものである。「民族」である。国家となっていない人々の集まりが、国家を求めてこの言葉の中に自立のための原点を求めた。その中から、いくつかの民族国家が生まれた。しかし、いずれも市民社会は未成熟なので、部族的宗教的原理を持つことになる。

民族は、国家の要素であってもいい。ただ、そこに権力闘争、武力闘争が加わるとき、紛争が起こり、戦争に発展し、たえざる残虐行為につながる例は、ソマリア、ルワンダ、ニカラグアなど、世界のあらゆる地域でみられる。民族的国家建設は、現在に至るまで多くの戦争の原因となっている。

【グローバルな市場化の流れ】

以上のような原理的な関係は国家の基本的な性格を理解するうえで重要である。国家は市民社会が非武装的になるために、権力と武力を集中させたものである。武力的性格と権力機構ということが、国家の第一義的な特性である。国家主権のうち、戦争をする権限と外交権が最重要なものであった。国家の在り方は市民社会の成長と不可分な関係にあるのであるが、市場化が進むとき国家は市民的なものとなる。いいかえれば民主主義的なものとなる。そして、国家が近代世界の最高権力であるというところに、十七世紀から今までの歴史の原理があった。

しかし、今、その単位が変わろうとしている。「金融革命」による金融資本主義の終焉が国家という単位を突き崩し始めているのである。市場化の地球規模での進展が国家の時代に終止符を打とうとしているのである。（拙著『国家の死滅』創元社、二〇一三年を参照）

国家は権力機構である。市民社会は非武力的な世界であるので、国家を要請した。市民政府は軍隊を持つことで、国家として確立し、国家が市民社会を武力によって守るという関係ができる。市民社会と国家の結節点が憲法である。市民社会は市場が成長することが基礎となる。市場の成長で市民層が形成され、行政組織、裁判所、警察、福祉的組織、公共の場などが形成される。近代社会は市民社会の形成によって生まれたのである。現在の世界の状況は、市民社会がグローバルな規模で形成されようとしているところにある。

市場化の波が一九八〇年代から広がった。国家独占資本主義の崩壊、金融資本主義の解体の流れが背景にある。新古典派経済学とマネタリズムが経済学で主流になり、ケインズ主義、マクロ経済学が下火になる。いずれも経済政策に力点を置いた経済理論である。市場に任せるということが、一つの発展のカギとなってゆく。市場化は、世界のあらゆる地域で起こっている。第一に、植民地であった地域に市場が広がり、経済的自立につながってゆく。第二に、一九八九年から九一年にかけて、ソビエト連邦を中心とした社会主義体制が崩壊し、資本主義市場経済の仲間に入ってゆく。第三に、ＢＲＩＣｓと呼ばれる地域の市場化は、巨大な人口と国土を有することで大きな可能性をはらんでいる。中国とロシアの市場化は社会主義体制の崩壊と重なるが、地球全体の市場化の重要な要素となっている。

地球規模での市場化の進展は、これまでの国民経済的な在り方を一変させてゆく。企業が国家を超え始める。グローバル市場ができる。競争は国内的なものではなくグローバル市場での大競争となる。一九九〇年に国内市場を見ていた日本の企業は、二〇〇〇年にはグローバル市場をベースに企画を立てるようになった。

かつて八〇年代は市場主義が世界を覆った時代であった。市場に任せようという新古典主義の発想、シカゴ学派のマネタリズムは、時代を先導した思想であった。国家独占資本主義につながるケインズの政策の弊害は顕著になり、「国家」よりも「市場」という視点が尊重され、国家の経済政策は中央銀行を中心とした金融政策だけでいいとまではいかなくとも金融政策をかなめにすべきだ、といった考えが尊重された。規制緩和が重要視され、国家の財政政策は、消極的なものになった。

しかし違った方針で経済的発展を目指す国がある。習近平の中国である。一九七八年に始まった改革開放路線は、鄧小平の指導の下、江沢民に受け継がれ、胡錦涛に継承された。市場を尊重する傾向である。しかし、中国は社会主義国である。しかもチトーのユーゴスラビアのような自主管理型の市場尊重の社会主義国ではなく、もともと国家の経済的役割を重視するソビエト型と共通の社会主義国であった。人民公社や国営企業が経済を担う主役であった。その中国が、グローバル資本主義のなかで、自国を世界の中心にしようとしている。中国元を国際通貨にすることを世界戦略にしている。一帯一路という市場圏を構築し、中国経済が世界経済を担うことで、中国の覇権を構築しようとしている。習近平の構想は、通貨と中国の支配地域の拡大、市場の構築ということが一方にあり、もう一方に、強力な国家指導の産業の育成がある。国家指導の産業育成は中国の国力増大、産業力増大と結びついており、鄧小平の政策と矛盾するものではないが、異質な根拠から作られている。新しい中国型国家独占資本主義体制であるといえる。

国家の役割は、グローバル資本主義のできてゆく中で、グローバルな展開を持っている。かつて、国家独占資本主義や国家の経済政策は自国のためのものであった。財政投融資は自国の産業を活性化して経済成長をもたらし、日本のＧＤＰを押し上げようとするものであった。通産省の産業政策と企業支援は日本の経済力を優秀なものにするためのものであった。教育政策は自国の経済に役に立つ人材育成でもあった。国家建設、経済の繁栄は、国家の繁栄という視点で行われるものであった。政府の政策は国家の繁栄という前提の上で立てられてきた。しかし、今では違った資格が入り込んできている。インフラ投資は諸外国に対して行われる。新幹線の敷設、経済インフラの構築、飛行場、鉄道建設、経済支援が自国の繁栄と国際協力という視点から実施される時代になっている。発展途上国のみならず先進国間でもインフラ投資が行われる。原子力発電施設が様々な国で受注される。さらに公共のインフラ整備は、水道や携帯電話、通信インフラにまで及ぶ。

現在の国家は、インフラ投資、優遇税制、研究助成金に加えて、産業助成も行おうとしている。しかし、それらはもはや一国的な規模では考えられなく、グローバルな広がりを検討する必要があるだけでなく、国家という主体自体が検討されなければならない時期に来ている。国家を超えた協力ということが現実の世界になっている。例えば、バーミヤンの遺跡がタリバンに破壊されてから、現在修復の動きがある。本来ならば、アフガニスタン政府の費用で行うことが国家の役割であるはずである。日本、フランス、などの政府や国連のユネスコにその支援を呼び掛けている。国家の役割が国家を超えた機関と補完関係になっているのである。

【国連は世界平和の国際機関として戦争を無くすことができるか】

国連には主権平等の原則がある。第二次世界大戦中のアメリカの国務大臣であるコーデル・ハルは、できるだけ多くの国が国連に含まれるべきだと考えた。総会は加盟国全部を含む。国連はその構成メンバーが国家である。しかも主権を認め主権の平等を唱えている。一九四五年四月にサンフランシスコで五十か国が国連憲章に署名した。遅れたポーランドを加えて、五十一か国での出発である。

【国連の限界】

戦争を地上から廃棄することは可能であろうか。人々は国連にその夢を託していないだろうか。しかし、残念ながら、国連は戦争を無くす機関ではなく、国連加盟国の安全を保障しようとする機関である。加盟国は集団で自衛するという発想が基本になる。いわば軍事同盟の枠の中にある。

国連は、あくまで国家が集まってできたものである。だから、国連に戦争を無くすことはできない。戦争の主体は国家であり、国家は軍事力を背景にしている。軍事力の廃棄があって初めて戦争を無くすことができる。

国連憲章の第二条2には「すべての加盟国は、加盟国の地位から生ずる権利及び利益を加盟国すべてに保障するために、この憲章に従って負っている義務を誠実に履行しなければならない。」とする。自国が侵略された場合、他の加盟国が助けてくれるというものである。日本のように他国に戦争をすることを憲法上否定している国は、もともと国連には適さない国家である。日本の集団的自衛権というのも、国連の規定には全く不十分なものである。日本の場合、自国の安全にかかわる限りでの武力行使であるので、他の加盟国を助けることはない。

ＮＡＴＯと国際連合の主要部分を廃絶し、世界軍事機構に組み入れることが戦争の廃棄につながる道である。ＮＡＴＯも国際連合も第二次世界大戦の連合国側の遺産である。戦勝国連合となった世界体制の組織である。したがって、国連の常任理事国に、ドイツ、イタリア、日本は入っていない。国連のＰ５は、アメリカ、イギリス、フランス、中国、ロシアである。中国とロシアは、中華民国（台湾）とソビエト連邦から引き継いだものである。他の国は消極的なものにすぎない。ＮＡＴＯはそもそも、ソビエト連邦・社会主義諸国に対立する西側諸国の軍事同盟である。

【国連は安全保障のための軍事同盟である】

二度の世界大戦は、人類の悲劇であり、それを何としても回避したい。その願いが国連を設立させた。しかし、他面、国連は、戦争廃棄を目指すものではないし、加盟各国の軍事力保有を認めているし、核を廃絶するものでもない。国連の目的は、加盟国の安全保障にある。そのための努力がなされるが、根本的に解決するということはない。

参加各国は自国の安全保障のために国連に加入している。国連は安全保障をめぐる外交の場なのである。

【国連軍とＮＡＴＯ軍】

現在、国家を超えた軍事的機構が存在する。国連軍とＮＡＴＯ軍である。しかし、国連もＮＡＴＯも世界組織ではなく、軍事同盟であるということが本質である。その実態は各国の軍隊である。ＮＡＴＯも国連も、いずれも国家を前提とした組織であり、超国家的な組織とは言えない。国連憲章の五十一条の集団的自衛権が本質的な事柄であり、ＮＡＴＯは国連憲章のこの条項に基づいて作られている。これらのグローバルな軍事状況をいかにしたら世界の平和につなぐことができるか、という視覚での検討が必要になる。国連の発展の上に世界平和は望めるであろうか。実は、軍事同盟ということからして不可能なのである。国家を超えた軍事的機関への模索はむしろ国連やＮＡＴＯの解体と世界組織への移行が必須となるのではないだろうか。

国際連合もＮＡＴＯも国家の同盟をベースとした組織であるので、国家の利害が反映され、戦争を廃棄すること、世界平和を実現することは原理的にできない構造になっている。したがって、我々の任務はこのような同盟組織を廃棄し、世界軍事機構に移行させることである。同盟を基礎にした国際組織は、戦争遂行者の本性として、国家利害の場となり戦争遂行の効果を持っても不思議ではない。

【国際連合と世界軍事機構】

世界の平和維持システムは、最初のものが「常設仲裁裁判所」システムである。一八九九年の「第一回ハーグ平和会議」、一九〇七年の「第二回ハーグ平和会議」により構築された「常設仲裁裁判所」のシステムである。これはほとんど効果がなかった。国家間の紛争は、法を超えた権力のものであるのに、それを法レベルで解決しようということ自体に事実認識の錯誤がある。

第二期のものは、国際連盟である。第一次大戦終結から二十六年間存続した。第二次世界大戦が勃発したことで、国際連盟は失敗であったという反省があった。原因は軍事力を持たなかったこととアメリカの不参加であったと考えられた。その反省から、国連は軍事力を持つようになる。しかし、そもそも国家を前提としては、国際紛争、国家間の戦争を防止することはできないのである。

【国家主権と国際連合】

国連は、構成員が国家であり、加盟国の国家主権という概念の前提に基づいている。国家主権を絶対的なものとして成立した国連は、その構成員は「主権国家」である。総会の議決は国家が単位になっている。国家は自国の利害を行使するために軍隊を使うことがある。戦争に訴える前に外交を通じて解決を図り、解決しないとき武力に訴え、戦争にいたる。国連は、外交の場となったということが言える。それまで国家対国家の交渉にルールが成立したということになる。しかし、安保理への提訴に見られるように、必ずしも和解が実現できるわけではない。武力による侵略という側面は避けることができる場合もあった。シリア・レバノンの訴えによって、イギリス軍とフランス軍の撤退が実現した。小国の利害が国連での議論によって獲得できることもあった。

国家主権を絶対的原理とする国際連合は国家の利害対立の場でしかない。国家にとって自国のための国連を利用するかということでしかない。ドイツと日本とイタリアが国際連盟を脱退したときそのことは明白であった。それを強制執行力、武力行使の権限を持たせることで、解決できると考えたことが、国際連合が十分機能しなくなることの原因である。一九九一年のイラク戦争で、国連による多国籍軍が編成され、武力行使が行われた。国連決議に至り多国籍軍が構成された。そしてアメリカ軍中心の武力攻撃がイラクに対して行われたのであるが、アメリカは、国際連合を利用し、自国の方針を中心に国連の名のもとに各国に協力を求めた。利害を共にする国々の参加で実現しようとした。それによって、軍事同盟による戦争遂行ということになった。問題の妥当性はともかくとして、国家を超えた軍隊が編成されたという事実は、学習する価値がある。

【国連軍の実態】

国連軍の主体は、各国軍である。一九五六年、イスラエル、イギリス、フランスの三国がエジプトに侵攻した。その撤退のためにこの三か国の軍隊に代わって、国連緊急軍が設立された。その後、緊急軍を母体にして国連常設軍を作ろうという動きが出る。しかし、あくまで国連軍の実態は、各国軍の寄せ集めである。

一九九一年の湾岸戦争は国連軍が行った戦争であるが、国連決議を経ているとはいえ、主体はアメリカ軍である。多国籍軍という名称も使われるように、各国の軍隊が参加したのである。

【PKOの役割】

戦争、戦闘は行わないが、国連の平和維持活動に協力するというスタンスが、国連平和維持活動PKOである。PKOは、各国軍が参加するので、超国家的な行動規範の上にできている。

国家は戦争に結び付き国益のために戦争や紛争にかかわる。いわば国家のエゴが基本的動機になっている。国益を得られないときでも、世界の経済秩序を尊重し将来の経済活動、グローバル市民社会の経済活動を支えようとする、多くのＥＵ諸国の論理も成り立つ。むしろトランプ大統領のように、アメリカの国益のみを優先しようとする幼児的発想は忌み嫌われるのは当然である。（『世界の軍事力』河出書房新社、三十四頁）

【国連を世界軍事機構へ生まれ変わらせるためには何が必要か】

では、国連を世界平和実現のための組織に作り替えるためには、何が必要か。まず、国連憲章の根本的な改定が必要である。新しい世界軍事機構憲章を採択し、それのもとに国連を世界軍事機構に移すということが必要である。

【ＮＡＴＯ】

ＮＡＴＯは、西側ヨーロッパ諸国の要望から生まれた。イギリスとフランスは、一九四七年三月にダンケルク条約を結んでいる。反ドイツの条約である。そしてこの条約の真のターゲットは、ソビエト連邦であった。一九四六年には、チャーチルの「鉄のカーテン」演説があり、一九四七年にはトルーマンドクトリンが出ている。一九四八年ベルリン封鎖が行われた。冷戦の時代である。その中で社会主義国に対抗する資本主義諸国の軍事的団結が不可欠であった。次のヨーロッパ諸国の課題は、アメリカを引き入れることであった。

ＮＡＴＯは歴史上かつてない大集団軍事同盟である。それは、時代の変化によっている。国家間の利害対立が戦争に発展した時代は、十七世紀の英蘭戦争にはじまり、十九世紀末まで続いていた。同盟は戦争の抑止よりも拡大につながる。ＮＡＴＯの同盟は、イデオロギー的色彩が強い。反社会主義の軍事同盟であった。第二次世界大戦後、ほとんどの資本主義国は社会主義の脅威を感じていた。社会主義はもはや単なるイデオロギーではなく、イデオロギーに基づく使命感を持った現実の国家群になっていた。人類を新しい社会秩序に置き換えるという使命感であり、経済的平等をもたらすものということが、広がりの理由であった。

【ＮＡＴＯも国際連合も国家の軍事同盟である】

ＮＡＴＯは北大西洋条約第四条に従い加盟各国の安全保障を防衛する責務を負う。それは集団的自衛権をもった軍事同盟である。ＮＡＴＯは国連憲章第五十一条の認める個別的、集団的自衛権を法的根拠として結成された。国連憲章の原則に基づき政治的、軍事的手段を用いて集団的に加盟国の自由と安全を保護することを目的としている。

【NATOは国際連合を前提としている】

ＮＡＴＯは、国際連合を前提としている。しかしもちろん国連の機関ではない。国連には社会主義国も参加しているし、かつてのソビエト連邦は、常任理事国であり、拒否権も持っていた。そして、現実には社会主義国と、資本主義国の代理戦争という形で、世界中で紛争と戦争が起こってきたのが冷戦下の状況である。大国間の冷たい戦争と代理戦争といえるベトナムをはじめとした世界中での熱い戦争が、冷戦時代の世界状況であった。そして、ＮＡＴＯは冷戦の上に社会主義に対する自由主義圏の防衛の軍事同盟であったといえる。

【冷戦の終結とNATO】

冷戦が終わった九〇年代にポーランドやバルト三国などが相次いでＮＡＴＯに加わり現在加盟国は二十九か国になっている。もともと、社会主義国に対して自由主義圏を防御するというところから発足したＮＡＴＯが冷戦後も存続している。そのこと自体がおかしいが、そこにＮＡＴＯの目的の転換があった。

ＮＡＴＯは軍事力を強化するという方向にある。それは安全保障がこの同盟に加盟することで得られるという打算がある。主としてロシアへの対抗である。もはや、共産圏というより覇権主義にむすびついている。あるいは資本主義圏を守るための世界の警察という機構に組み込まれている。見方を変えれば、アメリカの覇権主義への協力体制ともいえる。

二〇一八年七月十一日、十二日の首脳会議で、「二〇二四年までに刻々のGDPの二%以上にする」という目標を確認した。トランプ大統領は四%への引き上げを要求している。安全保障のための軍事強化の方向である。

【国連とNATOとEUの世界軍事機構への移行】

国際連合は安全保障理事会を中心として世界の平和を目指す機構として構築された。世界の平和を目指しながら紛争と戦争は絶えず起こってきたし、それに国連は対処できなかった。朝鮮戦争、ベトナム戦争、イラン＝イラク戦争、数次にわたる中東戦争、湾岸戦争をはじめアフリカ諸国や中南米などの多くの紛争を食い止め、平和に導くことはできなかった。それはあまりにも当然のことである。戦争当事国の最大のものはアメリカであり国連とアメリカは緊密に重なり合っている。もっと一般的な言い方をすれば、戦争を起こしているものは国家であり、国家の軍事同盟は戦争のための機関を超えることはできないのである。

【世界通貨と世界中央銀行の必要性】

もう一つの検討課題となるべきものは、貨幣の管理など、中央銀行を通じての金融政策である。

当面、金融政策は国家の役割としておくことはできるが、金融機能の複雑化に伴い、世界経済がカジノ化してゆく中で、通貨問題の解決が望まれる。現在の世界経済には、二つの危険性がある。一つは金融恐慌である。もう一つはカジノ経済と呼ぶにふさわしい不健全な金融の発展である。

そのような危機的要素を排除することができれば、世界経済はより安定し、規制は少なくなり、収奪は軽減され、投機的な発想は後退する。これらのことは世界の安寧にとって重要である。ケインズが唱えたような、世界統一通貨であるバンコールのようなものを採用するとFXやビットコインという不安定で不健全な要素は廃棄できる。また、為替に関する効率化も図れるし、不要な経済活動の無駄をなくすことができる。さらに、送金や決済の効率化も望める。デリバティブの必要性も半減する。それは、金融恐慌につながる金融膨張の歯止めにもなる。金融にまつわる詐欺まがいの商法も減らすことができる。

金融政策が、マネタリズムの経済学者が主張するような有効性を持つ時代は、金融革命とともに終了している。中央銀行がアメリカで確立したのは、やっと、一九一三年のことである。金融政策はそこから始まる。しかし、金融政策はあくまで一国経済の枠の中のものであり、金融が国際的な国境を超えた動きをするとき、様々な経済危機を生み出す。さらに、デリバティブや様々な投資が巨大に膨れ上がっている状況下では、金融政策は糠に釘の状況になる。アービトラージは絶えずマネーロンダリングと結びつき、ヘッジファンドの投機誘導の原動力になる。一九九七年のアジア通貨危機の体験からも利率の低い日本円の利用によるカラ売りの仕掛けという経験からも投機誘導に通貨が利用されるのである。ファンドがM＆Aに大きくかかわる中でマネーは退蔵され全く違った動きが生まれてゆく。ある程度の緩和を行うことで経済危機は緩和できるが、それは旧い一国経済をモデルとした理論の通りにはゆかない。グローバル資本主義が形成される中で、金融制度の見直しとして、世界共通通貨も考慮されるべき時が来ている。

第四章　世界の軍事事情

1　戦争を生み出す要因

【目の前の戦争の危機】

冷戦の時代の世界崩壊の危機は、核を使用した全面戦争であった。その危機は、社会主義の崩壊とともに基本的には消滅した。しかし、戦争は引き続き多発している。そこにはいくつかの戦争の要因がある。他方、国家原理が薄らぐ中で地球上から戦争を廃絶する可能性は大きくなっている。ただ戦争廃絶の道には、まだ誰も手を付けていない。十五世紀以降の近代国家の歴史を振り返ると、国家は形を変え枠組みを変えながら、戦争を行ってきた。そして、二十世紀前半は地球上の全面戦争に突入し、二度の世界戦争は、悲惨を極める事態となった。

今や、グローバリゼーションが進む中で、二つの側面ができている。一つは戦争が多発していること、巨大国家やテロ組織が戦争を行う要因を温存もしくは増大させていることである。もう一つは、戦争の主役であった国家というものが役割を薄く、柔軟化しているということである。この二つ目の要因、すなわち国家の希薄化に依拠して、一つ目の側面、すなわち増大する戦争の可能性を消滅させることができる。今、国家を超えた組織を構築することで、戦争の危険につながるすべての事態は、避けることができる。

まず、現時点での戦争の危機とその原因を明確にすることが必要である。戦争を誘発する根本要因を分析しておく必要がある。

【現在の戦争の原因――いかにそれを阻むか】

戦争の危機の原因は何か。次のようなものが考えられる。

第一に、覇権主義である。

第二に、独裁的国家体制である。

第三に、宗教的狂気。

第四に、巨大な軍事力と世界支配の意図。

第五に、国家主義、国家の民族主義の利己的政策。

第六に、国家的利害や領土対立から来る紛争。

などである。

これら六つとも、主役は国家であり、国家の在り方の変更が必要であると言える。この章では、これら六つの原因を分析しておこう。

【覇権主義】

第一に、覇権主義。

戦争の危機の原因の第一は、覇権主義である。習近平の中国、プーチンのロシア、イスラムの国々の世界のイスラム化、アメリカの世界支配といった思想は覇権主義の性格をもっている。これらの勢力による覇権争いが、世界の外交と戦争に至る緊張関係を作っている。覇権主義は帝国主義の時代には国是として、その国にとっての正義として存立していた。しかし、帝国主義の野望は、すでに負の価値しか持たなくなっているといえる。帝国主義の時代はその意味で第二次世界大戦とともに終了している。しかし時として、自国の世界支配力が大きくなるとき国民はそのような政権を熱狂的に支持する。アメリカの大統領は、戦争に勝利を収めるとき、人気を得た。プーチンも習近平も国民の支持に支えられている。かつてのエジプトのナサル、トルコのエルドアンなどはイスラム教に基づく国家を世界に広げるという主張でイスラム教の国民に支持を得ている。

次の時代に来たものはグローバリゼーションの時代であった。「金融革命」（拙著『金融革命』創元社、二〇一七年参照）が時代の転換をもたらした。国家自体が変質してきている。あるいは国家が軍隊の機構であるということを現代では時として見過ごすことがある。グローバル市民社会やグローバル資本主義が形成されてゆく中で、国家が覇権主義として民衆を巻き込んでいく可能性も十分にある。民衆の新たな意思が戦争の危険から地球をも守るという点で結集されていく必要がある。国家は、その本質からして権力機構であり、戦争を無くすことはできない。国家原理と結びついた国際的平和機関も戦争を無くすことはできない。戦争を無くすことができるのは市民の意志である。どのような国家の役割が、適切で戦争廃棄につながるか、という意思が戦争兵器への出発点である。

覇権主義は習近平の中国、プーチンのロシア、アメリカ、トルコ、エジプトなどのイスラム諸国などに見られるだけでなく、多くの国がその傾向を持っている。覇権主義は領土問題などで先鋭化する。覇権主義を排除する論理は、軍事機能のグローバル化なくしては実現されえないものである。

(1)　習近平の中国

現在の覇権主義の主なものは、四つあると考えていい。中国、ロシア、アメリカ、イスラム圏の国家である。戦争への可能性を焦点にこの四つの覇権主義を考察しよう。

【習近平の思想】

二〇一三年三月の習近平の国家主席への就任演説で「中国の夢」を語っている。十九世紀のアヘン戦争以前の中国を取り戻すというものである。イギリス、ロシア、フランス、日本の帝国主義による領土の略奪に対して、反帝国主義の原則に立った回復である。その時には、カザフスタン、キルギス、パミール高原、ネパール、ビルマ、タイ、ベトナム、台湾、琉球、朝鮮、ロシアのハバロフスク州、沿海州、樺太などが中国の領土となる。このような発想は、多くの国が反対する。とすれば、軍事的・政治的解決に訴える可能性がある。軍事的・政治的にできない部分は、経済による平和の裡の実効的な中国の世界を作ろうという発想になる。一帯一路の市場経済圏の構築や通貨としての中国元の影響力を大きくするということが浮上するのは、このような発想から来ている。

中国はどこまでの領土を持つといえるか。漢民族以外に五十六の民族を抱え、国内に民族問題が存在する。自治州や、独立国家を目指す動きもある。民族問題は、中国の夢と矛盾する。習近平政権は、漢民族至上主義や中華思想、明帝国の理想、儒教を核とした官僚制度へのあこがれに依拠している。このような憧れは、より現実的に、現在の中国を取り巻く状況から分析する必要がある。

歴史を振り返れば、領土が大きくなった時と小さくなった時、分裂した時期などがある。国力が領土の大きくなった時期を原点に据えて国家の姿と捉えると、覇権主義につながってゆく。オスマン帝国の最盛期の領土はバルカン半島、北アフリカ、ペルシアに及んでいた。モンゴル帝国＝元は言うまでもなく強大な世界帝国を作った。現代中国の理想につながる明の最盛期の領土もモンゴル、朝鮮、台湾、ベトナム、チベットなどを含んでいた。現在の中国の抱える国境紛争・領土問題は、台湾、外モンゴル、パミール高原、インドのアルナーチャル・プラデーシュ州、西沙諸島、中沙諸島、カシミール地方などに及ぶ。広範囲の紛争が発生することになる。

領土の確保は中国の基本路線である。二〇一四年四月、中国国防相の常万全（チャンワンチェエン）は、「領土主権は核心的利益。領土問題で妥協、譲歩、取引はしないし、寸分の侵犯も許さない」（孔健『習近平の言い分』三五館、二〇一四年刊）としている。中国の基本路線となると国際紛争は避けられない。

【領土と国家としての在り方】

社会主義を国家の体制とし、一党独裁の社会主義体制を毛沢東と周恩来が中心となって作ってきた。その中で、大躍進の経済政策は、五千万人の餓死者を出し、文化大革命は多くの粛清を伴い、人民公社は経済の不効率をもたらした。そして、何よりも社会主義というもの自体が、ソビエト連邦の経済観とも一致するように重化学工業優先であって、その生産力構造への分析を欠いたまま突き進んできた。経済的国家発展は強い国家という発想の基礎となる。一九五三年毛沢東が社会主義への道を明確に示し、五六年には社会主義への移行が基本的に完成したとした。鄧小平の改革開放路線は、七八年に始まり、社会主義の初期段階は資本主義をとりいれ、二〇二一年にはゆとりある社会の実現を達成するとしている。習近平氏は鄧小平の路線に区切りをつけ「社会主義現代化強国」という新しい段階を特徴づけようとしている。

「一帯一路」の政策は、習近平の一つの大きな方針である。通貨と市場経済圏での中国の役割を大きくすることである。市場経済圏へのテコ入れは、経済成長戦略につながっている。中国の覇権主義は経済的覇権という側面を持つ。一方で軍事力を増強させながら、経済政策でのグローバル社会への進出を企画している。

【中国の国防】

アメリカは台湾をめぐって、中国に対抗するために、潜水艦や弾道ミサイルを配備する。それは中国に対し敵国という見方を持っていることによっている。中国もアメリカを敵国と見なしているという分析である。中国は二〇〇六年以降、急速に軍拡に動いている。今年、二〇一八年度予算で中国の国防費は十八兆四千五百億円（一兆一、〇六九億元）である。

【台湾問題】

中国には、「一つの中国」という理想がある。そのために近年軍備拡張をしているといえそうである。経済圏を大きくして、軍による支配ではなく、中国が世界に経済の力で進出するという主張をしている。そのために最も神経を注ぐのが、通貨である。中国元によって決済される経済圏の構築を目指している。

しかし、台湾をめぐる軍事的緊張関係は大きくなっている。アメリカは、日本、韓国などの同盟関係を背景に極東の軍事態勢を作っている。台湾はこの同盟に属し、中国と対立構造を作ってきている。そして、中国は急速な軍事力を課題としている。そのかなめは、原子力潜水艦と巡航ミサイルである。台湾はアメリカから戦闘機を購入して備えに入っている。

【戦争の清算と日中関係】

二十世紀前半の日中の歴史は、侵略の歴史であった。毛沢東は日本の戦争賠償請求権の放棄を田中角栄に告げ、戦後の日中友好が始まった。中国人民は日清戦争に中国が敗れたとき、中国は膨大な賠償金を日本に支払ったことを記憶している。日本のＯＤＡは戦争の賠償からできている。このような国家間の関係は、一つずつ終結させていかなければならない。戦争の歴史の清算である。それがある程度達成されて、新しい国家間の協力関係に発展してゆく。胡錦涛は早稲田大学の講演で日本の対中国ＯＤＡに感謝を述べ、日中友好の方針を取っている。

一九七八年の中央委員会第三回全体会議は、文化大革命を清算し改革開放路線の開始を唱えた。四つの近代化が本格的に進められることになった。解放軍の方針も新しいものとなる。当面の世界戦争は起こらないという認識のもとで、局地戦への対応ということが主眼に置かれる。一九八〇年から八六年にかけて一連の軍改革が行われた。一九八二年当時四二三万人の解放軍は、百万人の削減が行われた。

【共産党支配】

市民層が成長し、知識人層が増えるとき、改革が始まると考えられる。六一〇〇万人の共産党の内部での改革も動き出すのではないだろうか。政治体制のシステムが問われることになる。社会主義の原理は、すでに崩れている。中国共産党の中にマルクス主義はほとんど機能していない。その時、共産主義の一党独裁は、どのような意味を持ちえるのだろうか。政治システムを問う人々がやがて生まれてくるのは避けられないのではないだろうか。人々の集団抗議の数は二〇〇三年の段階で、五万八千件に上っている。

江沢民主席は、企業家の共産党入党許可の方針を打ち出した。もはや、中国共産党の中には資本家を社会主義の敵とみなす視点は、なくなってきている。共産党員であるというのは一種の社会的権力、特権的な地位というのに近い。社会構成の要素として政府・官庁があり共産党はそれと結びついた関係になっている。

【「単位」対　市民運動】

中国では職場・所属企業などを「単位」という。それが社会主義を支える細胞である。市場が広がるとき、その単位とは違った動きが生まれる。消費者運動などがその代表的なものである。インターネットの普及やメディアの発達、市民意識の広がりなどが新しい民主化の芽生えとなっている。一九七八年にテレビ局は三十社、新聞社が七十社しかなかった。二〇〇一年の段階でテレビ局は四百二十社、新聞社は二千社になっている。雑誌も八千紙、ラジオも二百九十社になっている。

中国では、「中流意識」の拡大がみられる。都市部では、六〇%から七〇%の人々が中流意識を持っている。農村でも約半数の人が中流と意識するようになっている。

【中産層の市民の形成】

二〇〇一年末の大都市の平均年収は、三、五〇〇〜四、五〇〇USドルである。多くの管理者、専門技術者層、さらに一般事務員層、商工業者が成長し、中国は階層社会になってきている。低所得者層の失業者、貧困農民層も大きい。預金を一千万円程度持っている富裕層が、二〇〇〇年前後で百五十万人ほどできていた。このような中国の中産市民層の形成で、民主主義への道が開かれることが期待できる。世界の平和への動きは、市民層の形成があることが、原動力となる。

(2) プーチンのロシア

【ロシア帝国の復活】

ロシアはかつて大帝国であった。ロマノフ王朝は、アレクサンドル一世（在位一八〇一年―一八二五年）からニコライ二世にかけて帝国主義的政策を軸にして、世界最強の軍事力を保持していた。イギリス、フランスと並ぶ強国であった。ソビエト連邦になってからは世界をアメリカと二分する覇権国家であった。それが、ゴルバチョフのペレストロイカとともに、一九九一年に国家の崩壊を迎えた。

一九八五年にゴルバチョフが書記局長になる。ペレストロイカは、社会主義建設・立て直しを意味したが、実際は自由化、資本主義への流れとなった。ソビエト連邦崩壊以降、市場経済への移行は、経済の混乱をもたらした。ハイパーインフレ、ルーブルの切り下げで、経済は疲弊した。エリツィンは、経済政策の実務を行う能力がなく、取り巻きに任せる人で、任せられたものが地下経済を作っていった。

ロシア社会を立て直したのはプーチンであり、ロシア国民のプーチン人気の背景は、経済状況をよくしたというところにある。第一に、フラットタックスの導入である。二〇〇一年に一三％のフラットな税率を導入した。その結果、脱税するより、この税率なら脱税の対策など煩わしいことをせずに払っておこうということになった。税収は、大幅に増加し、正規の所得証明が出るので銀行からの借り入れが広がり、経済の活性化につながった。

それまでの闇の資金から表の経済への移行が起こった。バルカン半島ではロシアへの投資が起こりロシア人向けのビザを緩和し、ロシア人がモンテネグロやマケドニアにやってきてお金を使うということになった。

【ロシアの軍事力】

一方、ソビエトの崩壊の中で宇宙開発、武器製造、核開発の力を保ったままである。このような軍事力の保有は、自然と武力による大帝国への志向の夢となる。かつて、ソビエト連邦はアメリカと対抗した軍事強国であった。その兵器製造能力と、軍事関係者はロシアに受け継がれている。ただ、共産主義を地球全体に実現するという目的は、消滅し、軍事力だけが暴走しかねない。

ソビエト連邦崩壊の直前、軍事支出はＧＮＰの一七％〜一八％であった。一説には三五％という観測もある。ＧＤＰで日本の軍事支出が一％、アメリカが六％前後であるということも考慮しておくべきである。ロシアの軍事力は、九つの省によって管轄され、約千五百の軍事産業関連の企業が存在した。これらの企業は軍需品の製造だけではなく、電化製品や機械などの民需品も製造し、国民生活に深くかかわっていた。

【覇権主義の国家観とグローバル市民社会と調和する国家観】

ロシアも中国も、グローバル市民社会の中心になることはできる。同時に、世界戦争の引き金になることもできる。それぞれの国が無意味な大国意識に突き進むのではなく、国家として何が大切で何が不要かということを見極めることが肝要である。人々は時として民族主義に熱狂し、自国が大きく強くなることを礼賛する。しかし、大きくなることが何をもたらすのであろうか。戦争と抑圧支配である。その先にあるのは破滅である。核戦争へ突き進むことを大国主義は辞さないことは、二〇一四年二月のクリミアをめぐるウクライナの紛争の時のプーチンの姿勢にも表れている。

人倫国家は純粋に人倫であることで、文化を維持し尊重し生活を楽しむ高度の教養的な活動につながることができる。他面、主要国家の覇権主義がぶつかるところに戦争の危機が生まれる。アメリカがロシアを敵国とみなすことで、両国の核を含めた軍事装備が両国の国家体制となる。朝鮮戦争が終結しない中で、アメリカと中国が軍事的緊張関係を持ち続ける。朝鮮戦争の主役は、北朝鮮と南の韓国ではない。アメリカと中国である。アメリカと中国が対立するとき中国がアメリカの敵国と認識され、アメリカの軍事増強につながる。

【クリミア紛争】

クリミアの紛争は、冷戦終了後の外交の在り方を象徴している。アメリカNATOの勢力に対して、プーチンが批判を浴びせた。それを受けてヨーロッパ各国はロシアに対して資金凍結などの制裁を実施した。ロシアは、イギリスのキャメロン首相の発言に端を発して、G8から排除されることになる。国連の安全保障理事会は、機能を果たさないことが露呈される。

【ロシアの市民社会】

社会主義の崩壊によってロシアの市場化が始まる。政党ができ、自由主義的社会体制ができてゆく。自由主義圏の国際的な経済機構へ加わってゆく。経済の衰退は、利権と結びついたマフィアの闇経済をもたらしたが、プーチンのフラットな税一三％を課すという政策で、闇は表に変化した。

外資の導入が進む。中国と同じである。外資が先導する形で、中産層が形成されてゆく。市民社会が大きくなるとき、国家は軍事的である必要がなくなってゆく。国際交流はグローバル市民社会という視野と結びついて進められるべきである。

(3)　軍事大国アメリカ

【アメリカの外交の論理と軍事】

アメリカは民主主義と平和を外交政策の基本にしているようなイメージを前面に押し出している。しかし、アメリカは朝鮮戦争、ベトナム戦争、コソボ紛争、イラク戦争、さらにグアテマラやニカラグアなど南米諸国へも軍隊を派遣してきた。二十世紀の戦争は、絶えずアメリカが行った戦争であった。冷戦の時代は社会主義から自由社会を守るということが、ヒステリックな社会主義恐怖症というような状態で進められた。ドミノ理論や社会主義封じ込め政策などが、アメリカ外交と世界戦略の基本であった。

では冷戦の終結以降、アメリカの世界戦略の基調は何であったのか。なぜ、ＮＡＴＯを温存したのか。ＮＡＴＯと国連、そして同盟諸国とともに、アメリカは世界の体制を作ってきている。中国とロシアとの覇権主義と時として対立し、そしてまた緊張緩和で同調路線になったりする。それの繰り返しである。安全保障は表向きでは、民主主義と自由社会を守ることであった。内実は、アメリカの一つの本性である軍事国家の利害がある。その意味ではアメリカの覇権主義は、領土支配ではない。体制保持である。体制保持というのは冷戦時代から継続している。現在では、アメリカの安全保障としては、９１１テロ以降は本土防衛が最優先となった。それに石油などの輸送路の安全、海洋交通路の安全確保が次に来る。そしてそれに続いて、同盟国への他国からの侵略を阻止することが来る。さらに不穏な非民主主義的国家体制の批判とそれに関わる武力行使がある。以上のような安全保障政策は軍事力による世界の安全確保であり、軍事力の整備という点でいうとアメリカは世界を軍事的に支配しようとしている。

【冷戦終結とアメリカの世界戦略の転換】

クリントン政権の外交政策は、第一に世界の軍事関係の中でアメリカの優位の状況を防衛という面で確立することであった。それは、ＮＡＴＯを強化し、ＮＡＴＯをアメリカ中心の世界の軍事態勢に導き、アメリカがＮＡＴＯの指導権を持つようにするということであった。アジアでの軍事関係を優位にし、南北アメリカ大陸をアメリカの軍事体制に巻き込むという外交政策となる。

一九九七年五月に全欧州安保協力機構を強化し、ＮＡＴＯ・ロシア常設合同理事会の設置の合意文書を締結する。ＥＵは、独自の軍事体制を強化し、一九九九年、西欧同盟ＷＥＵ（Western European Union）をＥＵに取り込み、ＥＵ緊急部隊を設立する。アメリカとＥＵの軍事関係は対立関係にはないので、緊張の中の調和を続けているといえる。一九九七年のＮＡＴＯ首脳会議では、クリントンはチェコスロバキア、ハンガリー、ポーランドにＮＡＴＯ加盟を呼び掛けている。

アジアに関しては、九三年七月に新太平洋共同体構想を発表している。ＡＰＥＣで自由経済圏を作ることと並行している。しかし、アメリカのタイの通貨危機への非協力が、アジア諸国に、アジア通貨基金の設立という方向に向かわせている。

アメリカは、ＮＡＦＴＡの設立に九四年十二月に着手し、米州自由貿易地域への模索を始めているが、アメリカ経済との強い連携が中南米経済にかならずしもいい結果をもたらさなかったということで、反発を招いて頓挫している。

【トランスフォーメーション】

冷戦が終わり、アメリカ軍は軍縮に向かうことができず、軍備拡張しながら、戦略の大転換に迫られている。世界での軍事的優位で自国の安定を図ろうとする考え方の上に、新しい軍事戦略が作られている。「トランスフォーメーション」と呼ばれるもので、世界を守り自由経済圏と民主主義と人権をも守ろうとするための軍事戦略である。一九九六年、国防省で冷戦以降の包括的な戦略の見直しが進められた。QDR-2001において、トランスフォーメーションの基本方針が示され、QDR-2006で固められている。

目指すところは、第一に、テロネットワークの打破である。テロリストが核兵器を持つことを阻止することがかなめになる。

第二に、米国の本土防衛である。テロ攻撃、大量破壊兵器による攻撃、生物兵器・化学兵器から本土を守ることである。

第三は、中国・ロシア・インドなどの国が、アメリカにとって軍事的脅威となることへの警戒である。

トランスフォーメーションは、国防戦略の見直しと、海外米軍基地の再編・統合・縮小という課題をもって進められている。それを「脅威ベース threat-base」から「能力ベース capability-base」という考え方にシフトしている。国家以外も脅威の対象となるので、テロなどの能力に応じた対応である。

【世界の警察】

一九九一年以降、世界秩序の原理は違ったものになった。その中で、資本主義体制を守るというアメリカの使命感は、「世界の警察」という発想になってゆく。

アメリカは海上交通を守り、世界の海を自由経済圏として維持する必要がある。経済がグローバル化するといっそう貿易は世界経済に不可欠なものとなってきている。特に、石油が重要な国際的な商品となっている現在までの経済構造では、ほとんどの国はこのことに異存はない。

第二次世界大戦以前のように、経済ブロックという時代は終わっている。アメリカの軍事戦略と世界の自由貿易圏の成立は不可分につながっている。

世界の警察ということを実現するためにアメリカ軍は、六つの地域方面軍を配備している。それと同時に「トランスフォーメーション」を行ってきた。世界の警察としてのアメリカ軍の編成変化による効率化である。その核となるのが、「ＲＭＡ」Revolution of Military Affairs である。ＲＭＡは、軍隊システムのデジタル化による新しい統合システムである。情報と情報システムの確立が、世界を軍事的に監視し、素早く行動することを可能にするという構想である。一九九四年のフォースＸＸＩにより、軍のデジタル化に本格的に着手している。アメリカ軍が、軍の情報システムを握っているということは、その同盟国はアメリカの従属下にあることになる。

【アメリカの軍事戦略】

アメリカの軍事戦略の前提となるものは、「脅威」である。一つは、テロが核兵器と結びつく脅威である。もう一つは、中国が将来、アメリカに匹敵する軍事力を持つ脅威である。北朝鮮やほかの国家の核保有に対する脅威もある。ロシアもアメリカに対抗する軍事力と核の力をもって対抗する脅威もあるといった方がいいかもしれない。アメリカは基本として、「武力による世界の警察」を目指しており、それは平和のためと主張しながら、戦争に帰結する。平和の思想は現実の結果として、戦争の原因となるという論理はアメリカに典型的に現れている。アメリカの軍事戦略は、すべて、敵の想定、脅威の認識から始まっている。その解決の方法は、戦争につながるという道を歩んでいる。

【ブッシュ時代の防衛構想】

二〇〇二年に国家安全保障局を設置する法案を提出し、国土防衛を強化しようとしている。そして、なんといっても世界に軍隊を配備しアメリカ軍で世界の秩序を構築しようとしている。国防はアメリカのすべての外交と経済政策の前提である。アメリカ本土を守ること、世界の海上通商路を守ること、そして世界中の秩序を維持することをアメリカ軍が担っているのである。そのためにアメリカ軍の見方を結集している。一つは国際連合の活用であり、NATOの組み入れであり、さらに日本・韓国・台湾などとの安全保障条約を基礎とした軍事基地の配備である。

二〇〇五年の時点で約三万七千人のアメリカ兵が日本に駐留していた。二〇一四年九月の時点で、約五万二千五百人になっている。二〇一四年の時点でアメリカは海外に五八七ヶ所の基地を持っている。アメリカ国内の基地数は、四、二六八ヶ所である。ドイツが、一七七ヶ所、日本が一一六ヶ所、韓国が八四ヶ所、イタリアが五〇ヶ所である。いまだ正式には朝鮮戦争を今年まで終了していなかった韓国はアメリカの一つの防波堤であったし、ありつづけている。あとの三か国は、第二次世界大戦の時の連合国の敵国で、戦後の軍事秩序はアメリカ軍を中心とした連合軍が世界の軍備配備を行っている体制であるといえる。世界全体に配備している米軍基地のアメリカの兵員数は、二二六、三八五人である。

アメリカ軍は、六つの地域方面軍と四つの機能別統合軍からなる。地域方面軍は、ヨーロッパ軍、太平洋軍（パシフィックコマンド）、中央軍（中東、中央アジアを管轄）、北方軍（カナダ、メキシコ、アメリカ）、南方軍（中南米）、アフリカ軍、の六つである。機能統合軍は、統合戦力軍（陸海空）、特殊作戦群（テロ対策、対薬物戦争）、戦略軍（ミサイル防衛、軍事衛星、サイバー攻撃機、核戦略）、輸送軍の四つからできている。

【非対称的脅威】

アメリカは世界で圧倒的に軍事的優位に立っている。国家対国家という近代の戦争のパターンでは、アメリカの軍事力は群を抜いている。それにもかかわらず、アメリカにとっての軍事的脅威は増している。テロ、大量破壊兵器、サイバー攻撃、宇宙衛星攻撃、そして見えない攻撃が生まれる可能性もある。これらの脅威は非対称脅威と呼ばれている。

アメリカ軍がベトナムでゲリラを一掃できず、泥沼にはまっていったのも、非対称的脅威の一つということができる。重要なことは、なぜテロやその他の軍事的脅威が存在し、その目的は何かということである。今、この論考で検討しようとしている世界軍事機構による武器の排除は、アメリカの世界の警察とは根本的に違った解決への道を示すものである。武器を完全に一掃するとき、非対称的脅威もかなりの部分が消滅するものと思われる。

【テロ組織の状況】

二〇一一年の五月に、アルカイダの指導者のオサマ・ビンラディンはアメリカ軍によって殺害された。しかし、アルカイダはなくならない。イエメンの「アラビア半島のアルカイダ」であるＡＱＡＰ、アルジェリアの「イスラム・マグレブのアルカイダ」（ＡＱＩＭ）、さらにテロ組織には、アフガニスタンの「タリバン」、パレスチナの「ハマス」、レバノンの「ヒズボラ」、ロシア南部の北カフカス地方の「カフカス首長国」などがある。ＩＳも世界各地でテロ行為を行っているのが現状である。

宗教としてイスラム教が生き残るためには、多くのテロ組織がイスラムのもとにできていることとどう対決するかがカギになる。しかし、市民社会が広がるとき、宗教的原理は次第に色あせてゆく。そのとき、宗教に基礎を置いたテロ組織は、絶望の中で過激化するということも考えられる。世界軍事機構が、その危険から人々を守らなければならない。テロ組織の撲滅は、現在はアメリカをはじめ世界の先進国がこぞって対処しようとしている。将来的には、世界軍事機構の役割となる。

【アメリカ政府を構成する人々】

アメリカ国家を作っている勢力は大きく二種類の人々がいる。一つは、ユダヤ人を中心とした金融機関の人々。エコノミストや政策担当はこの人たちに大きく依存し、民主党も共和党も政権が代わってもこの人たちが入り政権を構築している。オバマ政権でもトランプ政権でも、ゴールドマンサックス出身の金融通の人々が、政府の中枢を占めている。ポールソン、ロバート・ルービン、ムニューチンなどの名前を挙げれば十分ではないだろうか。FRBと財務省ではこの人々が主導権を握り続けている。もう一つは軍需産業と癒着した人々である。ニクソン政権の国防長官レアードは生物化学兵器開発企業サイエンス・アプリケーションの幹部となった。ボーイングもロッキードも政権中枢の人々と深い関係を結んでいる。（広瀬隆『アメリカ保守本流』二〇〇三年刊、『アメリカの巨大軍需産業』二〇〇一年刊、いずれも集英社新書、が詳しい。）

さらに、軍需産業関係者は、モルガン商会のような金融財閥と結びついている。民主党のサム・ナンやリチャード・ゲパートのような議員が政界で軍需産業代理人を務めている。ロッキード・マーチン社は、九八年末で十六万五千人の従業員を抱え、九九年の売り上げは二百五十億ドルで、その半分以上を政府が購買した兵器類であった。アメリカ国家を作っている産業であるといってもいい。アメリカという国家は軍事国家であると言わざるを得ない。

(4) イスラム諸国

【オスマン帝国の影】

イスラム諸国には、かつてのオスマン帝国の理想がある。エジプトのムスリム勢力、トルコのエルドアン政権、シリアのISなどに、イスラムによる世界統治という宗教的理想が存在する。巨大な領域を統治したオスマン帝国は、民族主義的ではなかった。領域内の異教徒の信仰も認める宗教的寛容もあった。

現在のアラブ諸国には、イスラムによる覇権がある。しかしそれは政治的覇権というよりも、宗教的使命感が先行している。

【国家と民族と宗教】

この地域には三つの要素が折り重なっている。第一は、国家と民族の不整合である。この地域では、国民国家は市民社会に基づいて作られるわけでも、民族的まとまりによって作られたわけでもなかった。バルフォア宣言とサンクト＝ピコ協定が帝国主義支配の影響を受けながら、この地域の国民国家を形成させた。

【旧植民地の民族主義】

民族的独裁が軍事独裁となり、資本主義と結びつき、富と権力を掌握した独裁国家を作った。それが中東・アフリカの戦後の状況であった。軍事独裁への挑戦が民衆の手によって試みられた。アラブの春である。二〇一〇年十二月にはじまったチュニジアのジャスミン革命を皮切りに、アラブの春はリビア、エジプト、ヨルダン、スーダン、シリアに広がり世界中に一つの動きを生むこととなった。アラブの春の民主化運動の中で、いくつかの独裁国家が打倒された。と同時に世界に市場主義の潮流が広がり、民主主義体制に移行してきている。独裁的国家体制の保持は現在、様々な地域の現実である。北朝鮮の政策は、核を使った国家の維持にある。リビアのカダフィー政権が崩壊させられたこと、フセインのイラクが破滅したことは、核を持たなかったことでアメリカに対抗できなかったと考えられたのである。

アラブの春の民主化はイスラム色を薄くするものであった。イスラム原理主義や多くのイスラムの思想と対立することになり、広がる勢いに歯止めがかかる。代わって、イスラムによる世界支配という考えが浮上する。宗教的覇権主義といってもいい。エジプトのモルシ政権や、トルコのエルドアン政権、シリア・イラク北部地域を支配したイスラム国など、いずれも国家主義、民族主義というより世界制覇を目指すことを主張の中心にしている。

中東・北アフリカの地域には、独裁政権、イスラムの覇権主義、石油をめぐる利害対立、など、世界の火薬庫と言える危険を内在する地域であるといえる。

【アラブの未来】

では、アラブの世界は今後どのようになっていくのだろうか。アラブの政治的まとまりは、いくつかの枠がある。一番大きいものは、アラブ連盟である。アラブ連盟は二十二の国家の集まりである。二つの共通点からできている。一つはアラビア語を話す。もう一つはイスラム教を信奉するというものである。統一性は極めて薄い。社会的共通性となる実体が欠けているからである。

イスラムの民族主義は大きな勢力としては三つある。①ナセル主義のグループ、②パレスチナ左派（ＡＮＭ）、③バアス党である。一九六八年のバアス党クーデターを起点として、一九七九年にサダム・フセインの政権ができている。それは一九七九年二月のイラン革命の刺激を受けたものである。

二番目のものは、帝国的なものということができる。かつてのオスマン帝国の復活という側面があり、イスラム教による世界支配という側面がある。ナセル期のエジプト、シリア・イラクのバアス党、近年のエジプトのムルシ政権、エルドアンのトルコ、また崩壊しかけているイスラム国などの方針の中にある考え方である。

三番目は、国民国家というまとまりである。現代の実行勢力である。その多くが、帝国主義時代に作られた西洋の枠組みに依拠している。絶えず紛争と戦争の原因を孕んでいる。外から与えられた国家という性格があり、それに民族的、王権的権威が結びついてできている。石油と他の経済生活の間の乖離があり、現状の国家性格として脱石油の生き残りを模索することはあるが、実効性は乏しいと言わざるを得ない。

第四番目のものは地域的、人倫的なまとまりである。国民国家の形成によって絶えず紛争の原因とされてきた単位である。国家が武力を持ち、地域的民族が武力を持つとき、内紛が生まれてきている。そこに宗教的対立が加わる。

この四段階のまとまりは、いくつかの流動的要素によって作り替えられてゆく。一つは、脱石油という現実である。次に、市場経済と市民社会の成長である。三つ目に諸外国の関与の仕方である。四つ目は世界の政治構造の変化である。アメリカ、ロシア、中国の進出とさらに世界の共通な制度的変更、国連や世界経済ルールの変更などである。

スーダンのハルツームの急速な都市化やドバイなどの発展を見るとき、石油を離れた世界経済の動きが胎動している。石油と王室的国家の利権の癒着が終わるとき、この地域の衰退は明らかである。教育制度の改良と建設がまず必要とされる。過度な石油の富への依存構造が、人々の暮らしと結びつかず、単なる金銭と富の配分に過ぎないとすれば、衰退は明白である。国家による石油代替は人材や私企業の発展なくしては空しい夢という結果に帰結する。

(5)　宗教と戦争――パレスチナ問題など

【民族主義・宗教対立・利害対立】

冷戦が終わり、ソビエト連邦と東欧諸国の社会主義体制が崩壊してゆく時代は、冷戦の遺物を残しつつも、民族という要素がクローズアップされていった。この時代は戦争と武力を伴う紛争が頻発している。ルワンダの内紛、アンゴラ戦争、コンゴ紛争、南北のスーダンの戦い、ソマリア紛争、旧ユーゴスラビアとコソボの紛争、パレスチナ紛争、シリアでの戦争、イランイラク戦争。これらの戦争の原因は、大きく分ければ、①民族・部族の対立、②宗教対立、③利害対立の三つが原因だといえる。この三つの事柄の解決の原則を提示することなく、武力蜂起はあり得ない。この三つの事柄の前提となる根本問題がこれらの地域には横たわっている。それは、市民社会の未成熟の上に国家という形が横滑りで入ったことである。国家はこのとき武力・軍隊でしかない。本来、市民社会が武力的要素を国家として外部化することで近代国家ができていたのであるが、市民社会を作ることなく、部族社会のままで国家という武力機構を構築するというところに、これらの地域の不幸が発生した。

近代社会の成立を振り返れば、商業圏の形成により新しい正義を生み出した。個人が尊重され、中世的な彼岸から現実的人間的な此岸が尊重される時代である。自然と肉体を賛美し欲望を肯定する思想が広がった。芸術が尊重されそれらは人間性の探求と結びついていたというのがルネサンスの一側面である。そして商業圏は商品生産と結びつくところに近代産業が生まれて市民社会が形成された。この市民社会を武力的に守ることが国家の形成の事情である。

【現代の宗教戦争】

宗教戦争は近代社会の形成期に頻発した。ドイツ三十年戦争、フランスのユグノー戦争などはその代表的なものである。二十一世紀の現在も宗教戦争が多発している。代表的なものは、パレスチナ紛争である。ナセルのエジプト革命、イラン革命、ユーゴスラビアのボスニア紛争も、宗教戦争といえる。戦争の直接の原因が国民国家であるということはこの論考の主題であるが、宗教戦争もその国家問題と結びついて、そして時には国家を超えて戦争をもたらしている。

近代の宗教戦争が主にキリスト教内部で起こったものであるのに対して、現代の宗教戦争は非キリスト教の世界で起こっている。イスラム教対ユダヤ教、キリスト教対イスラム教、イスラム内部の紛争、といった戦争である。パレスチナ紛争は、イスラム教対ユダヤ教の間で起こっている。そこにイギリス、フランス、ロシアの帝国主義的な意図が国家形成を生み出し、それがそもそもの原因を生んだ。そこに石油の利権と海上の安全という問題が加わり、アメリカが戦争に加わった。セルビアとユーゴスラビア連合の間のボスニア紛争は、キリスト教対イスラム教の戦争である。民族主義対立と宗教対立が、国家形成の意図と結びついて、戦争と虐殺に発展した。ここにもアメリカの干渉が、国連とＮＡＴＯを巻き込んで戦争を拡大させている。イスラム教諸派の中でも対立構造がある。ナセル主義はイランのフセインにも受け継がれ、イスラムの世界支配の理想につながり、それは周りに対する侵略の開始となる。ハマスの闘争やタリバンのイスラム原理主義は、イスラム内部の紛争やテロリストにつながることもある。

宗教対立と勢力拡大を武力に訴えるということを放棄すれば現代の宗教戦争は終結できる。国家や民族と武器輸出をする軍需産業がこの宗教戦争を生み出す物質的条件を提供している。武器輸出を禁止する世界機構ができ、国家の改造が達成されるとき、現代宗教戦争の終了をもたらすことができるのである。

【宗教的寛容と国家】

イスラエルの歴史は、スペインでのレコンキスタに始まる。イベリア半島にいた、ユダヤ人をオスマン帝国が受け入れて、イスラエルの地にユダヤ人の居住が始まった。

近代社会の形成は宗教の大変貌をもたらした。そしてやがて市民社会道徳ができ、人倫の衰退とともに宗教の衰退も進んだ。人間一般ということがヒューマニズムとともに広がり、宗教的寛容と宗教の進行への純粋化という文脈が近代社会の中での宗教の位置になる。一面では、パスカルやキルケゴールに見られるように信仰に対する苦闘が近代哲学の一つの側面となる。そしてフォイエルバハにみられるようにキリスト教の教義に対する人間的文化的批判的理解がキリスト教の本質を抉り出す。それは同時に、無神論的傾向ともなる。信仰の純化傾向は、プロテスタンティズムの不寛容となり、ヒューマニズムと対置する。

【イスラエルとパレスチナの今後】

中東紛争は、宗教の問題が主要課題だといわれることが多い。ユダヤ人がイスラエルの建国をし、先進諸国がユダヤ支配への協力からイスラエルを支援したところに、パレスチナ難民を発生させた。ユーゴスラビアの独立後の民族紛争も中東の紛争も宗教的原因に帰着して理解される。確かに、歴史において宗教対立は絶えず戦争の原因を生み出していた。近代国家建設時のドイツ三十年戦争も、フランスのユグノー戦争も、数十年の悲惨な戦争は、宗教的信念が敵を人間ではなく、悪魔と捉える発想と不可分であった。しかし、市民社会の広がりは、民主主義に導き、人間性とヒューマニズムを生み出す社会的土台でもある。

(6)　民族紛争

【民族主義と国家】

現在も、民族紛争が多発している。民族主義は、国民国家とも結びついたり、帝国主義と結びついたりしてきた。そして、現在も同じように国家や帝国と結びつく。一方で部族や民族における国家建設へのあこがれとともに、他方で、中国、ロシア、アメリカなどの大帝国の覇権主義も民族主義的になって初めて、覇権の主張ができる。

アメリカ大統領ウッドロー・ウイルソンの主張した民族自決は、二十世紀を通じて一つの正義であり続けて国際政治の原点となってきた。植民地の独立が世界の平和の秩序につながると考えられてきた。しかし、事実は逆である。人々はいまだ民族自決、国家の独立を信奉している。しかし、そのことで外国から武器を輸入し、クーデターを起こし、その武器で反対勢力と戦争をし、対立する部族の人々を虐殺してきた。二十世紀は虐殺の歴史を生み出しているが、その背後に民族自決による国家建設という正義が動いていた。ルワンダの虐殺、カンボジアの虐殺、ボスニアの純血主義に基づく虐殺と集団レイプ、シエラレオネのクーデターの頻発と内戦、これらの背後には国家的独立の達成という民族の悲願があった。

ナチスによるユダヤ人虐殺、ホロコーストも民族主義の一つの作用であった。第二次世界大戦のときに、民族の発展という思想が大きな作用となってきたことはほとんどの人々の自覚するところである。

第二次世界大戦後、チトー大統領が民族主義の取り締まりをして国内の平和を維持した。一九八〇年にチトーが死亡すると民族間の分裂が始まり、スロベニア一九九一年、マケドニア一九九三年、クロアチア一九九五年、ボスニア・ヘルツェゴビナ一九九五年、モンテネグロ二〇〇六年、そしてセルビアも独立を宣言し、六つの独立国が生まれた。ところが、民族は悲惨の原因となることがあるので、民族自決よりも政治的権力と民族を切り離してしまうことが、理想といえるかもしれない。

【グローバル化と民族主義】

グローバル化の中で、新しい国家理念が芽生え、国家の方向が模索されると同時に、グローバリズムの波がこれらの地域に押し寄せている。グローバリズムと国家的民族主義、それに宗教的派閥闘争、思想対立などが押し寄せる。民族主義が部族による政権奪取と結びつくとき、紛争と戦争の歴史が作られることになる。我々は、国家という政治単位を戦争と切り離し、様々な紛争の可能性を一掃するという課題を考察しようとしているのであるが、民族主義的要望に基づく政府構成の手続きを考えるということも一つの課題となる。それは「人倫」の意義に関する考察である。今の時点で、一方に世界軍事機構により、国家の軍事的機能をなくし、国家と社会に民族的・人倫的機能を尊重しようという発想であっていいわけである。このような考察の出発点となるのは国家の役割の変化である。国家が世界軍事機構に権力の一部を移譲するとき、国家の役割は新しくなる。国家の役割は、社会政策、教育、社会保障、経済政策、などが中心になる。そこに言語政策や民族的配慮などが、政策を左右する思想的ファクターとなりえる。

【「民族」の構成要素】

民族を作るものは、肌の色や顔つき、体型や頭の形などもあるが、より重要な要素は、①言語、②宗教、③歴史的文化的伝統と風習、の三者である。この三つの要素が結びついて、一体感となり、近代国民国家＝民族国家を生み出してきた。政治的独立や民族自決権を求める運動となった。その過程で多くの血が流されてきた。

この三つの要素を分析しておこう。

【言語的統一】

言語形成は近代市民言語の形成と絡んで国家的統一というものに連関していた。その意味で言語は極めて社会的要素を持つものである。まず、近代ドイツ語の形成を例にとろう。近代ドイツ語は、ルターが翻訳した聖書の普及と不可分であるし、そこにグーテンベルクの印刷の発明の役割もあった。そして、ゲーテやシラーという国民的古典的文学ということが、もう一つの言語文化にとっての大きな出来事である。また、グリムの言語研究が残した財産がドイツ語の世界の構築に大きな役割がある。新聞やテレビラジオの普及による統一言語の使用ということも、市民言語の形成の一つの大きな要素である。これらの要素を総括する中で言語文化が国民的財産となる。近代国家の形成は、近代市民社会の形成を基礎としている。そこには近代市民言語の形成ということがある。

これらの要素は近代国家を作ったイギリス、フランス、日本などで共通である。国民的精神を担う文学というものが存在する。イギリスでは、ウイクリフ（John Wycliffe、一三二〇年頃—一三八四年）の英訳聖書があり、一六一一年に出版されたジェームズ一世が編纂した欽定訳聖書の普及ということが英語という言語形成にとって決定的な要素であった。国民的文学としては何といってもシェイクスピアの存在があり、国民的思想の支柱としては、近代憲法思想の創設者で且つイギリス経験論哲学の理論家であるジョン・ロックがある。トラファルガー広場では発行された新聞を民衆の中で読んできかせるという公共性が始まったし、オックスフォードの大辞典は英語の宝庫である。

このような市民言語の形成の中で、「国語」「公用語」という発想が生まれる。一国の文化的共通な交通形態としての言語の役割である。と同時に、「方言」という文化への振り返りも配慮されるべきであるが、国家形成、国民国家主導の歴史段階では、多様性よりも統一性、文化的民俗的価値観よりも便宜性、国力が優先されていた。今は、方言の持つ言語社会学的意味も考察の対象とされなければならない。

【宗教の復興と衰退】

「民族」の第二の要素は宗教である。宗教紛争が民族紛争における権力奪取の主な部分となることは多々見られるところである。旧ユーゴスラビアの地域で、キリスト教ギリシア正教の信徒、カソリック信徒、イスラム教徒シーア派とスンニ派の人々が入り乱れて、大虐殺の紛争と戦争を生み出した。パレスチナ紛争でもスーダンの内戦でも宗教的要素は大きい。

国家はもともと人倫である。したがって国家というイデオロギーのもとに民族的意識が帰属するという性格がある。それが民族紛争の原因となることが多い。

モラルの発達が宗教の衰退、文化の衰退と重なっていることもある。文化と宗教は違った機能を持つ。社会主義から資本主義にうまれかわったロシアでは、急速に宗教が復活した。全国各地で正教寺院の修復が進められ、ドームの美化のために大量の金が使われた。寺院とショッピングセンターが、九〇年代後半のロシアの社会を象徴する変化である。宗教に死滅をもたらすものは、商品であり、「欲求の体系」である市民社会である。市場が広がるとき、熱心な信仰心より人間の自然や欲望に根差した様々な娯楽文化が広がってゆく。

宗教の現代的な意義は、モラルと人倫の存続の場であるというところにあるといえるのではないだろうか。また、市場経済や市民社会の成長で宗教が衰退しても、モラルと人倫を存続させることは重要な課題となる。国家はもともと人倫的なものであり、モラルや人倫ということ社会的・文化的な事柄は、国家の課題となる。モラルや倫理は、教育に関する国家的政策で補強される。このような国家の教育政策は、国家の新しい役割として期待されるものであるということができるかもしれない。

社会参加の意義は近代化した人間関係の中に入るところにある。ボランティア社会は参加型社会の形成という意義を持つ。意思を尊重する形での人の交流の場の構築に至ることがグローバル市民社会全体の課題となっていく。

【アラブ民族主義】

ここで民族主義の歴史を考察することは、大きすぎる課題であるので、焦点を絞って、戦争を引き起こす原因としての民族主義という視点で考察しておこう。戦争の否定のあとに、民族主義がどのような形で存続し得るかということも考察しておく必要はある。

アラブの民族主義は、民族性を作る三つの要素、1．言語、2．宗教、3．伝統文化を広範囲でもっている。アラブ連盟は、アラブという民族のためのものという面がある。イスラム教のもと、アラブ中心に統一するという理想と言語的共通性というものに基礎をおいている。

【宗教対立と紛争・戦争】

宗教対立は今なお大きな威力を持っている。近代社会の登場によって、宗教は法律や政治に席を譲った。結婚は、教会が決定するものではなく、法律による結婚、民事婚主義が正義となった。他面、カソリックの支配的地域や宗教的色彩の強い地域は、依然として宗教が決定的な影響力を持っている。避妊や離婚などが否定される。イスラムはさらに宗教が政治とそして社会と一体化している。イラン、アラブの諸地域に見られるようにイスラム教は国家政策を担うものになっている。

ユーゴスラビア解体後の国家形成に、宗教が民族と結びついた形になった。カソリックを信奉するセルビア、キリスト教国であるクロアチアとスロベニア、イスラムのボスニア・ヘルツェゴビナといった状況である。

スーダンと南スーダンの戦争は、民族的要素が宗教対立に結び付き、そこに石油をめぐる利害対立が重なっている。アラブ人の多い北は、イスラム地域である。黒人の多い南はキリスト教国である。石油の発掘で豊かな北が生まれた。民族と宗教が石油の利害で対立を先鋭化させた。

【アフリカの年】

アフリカでは、民族紛争が絶えない。国家の独立は、アフリカの年、一九六〇年を挟んで多くの国で達成された。この年に、ナイジェリア、カメルーン、コンゴなど十七の国が独立を果たしている。タンザニアの初代大統領のジュリウス・ニエレレは、タンザニア独立の年に、キリマンジェロをアフリカの象徴とした。しかしアフリカは、紛争、貧困、エイズ、汚職がはびこる地となっている。

これら矛盾が連関している。経済の発展のないところに国家統一しようとすると、武力を強化して政権を奪取するという事態になる。それが、紛争の原因となる。近代国家を作る要件がない中での独立国建設である。この地域では、武力による政権奪取と政権維持が図られるが、実は逆に、これと反対の道を歩むしか、紛争を排除することはできないのである。まず、武器を放棄し、経済を立ち上げる。伝統社会の保存も同時に考慮されるべきである。

【歴史的文化的伝統】

民族の第三の要素は、歴史的文化的なものである。教育がそれに修正を加えることは多い。

そして、何より大きな変化の要素は市場の広がりと社会の変化である。グローバル化の中で、文化摩擦は絶えず大きな課題であるし、企業活動でも文化の違いという要素は大きい。その中で、合理主義や経済の発展という要素を加味するとき、教育による修正は不可欠となる。特に、初等教育、中等教育の役割は大きい。文化的摩擦が直接紛争や戦争につながる側面は小さい。ただ、あらゆる戦争や紛争で文化理解とともに解決への模索が求められることは起こってくる。

【民族対立と紛争・戦争】

民族対立は、ソマリア、エチオピア、ルワンダなどの部族社会を揺さぶった。部族社会というあり方は、それ自体が終始一貫、民族的な原理からできている。近代的な枠組みとは異質である。そこに国境を引き、近代国家という体裁が入るとき、血で血を洗う民族紛争が生じる。エリトリアの帰属問題、ソマリアの分断は、部族社会を基礎とした世界に、疑似近代的な政権が作られ、その政権が武力によって存立するというものであった。この事態が、武器の氾濫をもたらし、紛争を起こしている。

先進国での民族問題は、現在ではほとんどの場合、紛争・戦争にまで発展しない。多かれ少なかれ民主主義の原則から処理される。カナダのケベックの独立、スペインからのカタルーニャ地方の独立、スペインからのバスクの独立などは、いずれも原則としては、住民の意思と国家の意向を住民投票などの平和的な手段で解決することが目指される。ただ、愚かな大統領や民族的運動家が過激化するとき、暴動を生んだり、紛争に発展することの可能性は否定できない。北アイルランド紛争などその顕著な例である。今後、国家の役割が変化してゆく中での解決の方法を模索するときの材料となるのではないだろうか。

【人民の自決権】

国際連合は「人民の同権及び自決の原則」を目的の一つにしている。人民の自決権は国際法上の権利として確立されたものとみなされている。脱植民地化の動きに呼応している。しかし他面、自決権を国家の形成と結びつけるので民族紛争が多発する結果をもたらしている。国連が国家というものを前提として成立しているところに根本的な問題があり、そこに国連の限界があるといった方がいい。植民地を否定するという反帝国主義的外交原則が国内の紛争に結び付いているのである。国連のこのような原則の中に民族紛争と戦争の根本原因が存在しているといえるのではないだろうか。

民族主義は、冷戦終結以後も世界の各地で強くなっている。それが紛争・戦争の大きな原因ともなっている。国家統一を果たしていない民族は、引き続き「民族自決権」という思想のもとで国家的統一に向かった運動をする。それは時として紛争や戦争を繰り返すことになる。

【旧社会主義国地域の民族主義】

世界の紛争の原因は、イデオロギー対立、宗教対立、民族対立、利害関係に基づく対立、などがある。イデオロギー対立の最大のものは、社会主義と資本主義の対立であった。思想的にいえば、社会主義と自由主義、あるいは民主主義の対立ともいえる。社会主義のイデオロギーは時代の背景としては、装置産業、重化学工業を生産力の主要部分として発展のかなめに置くものであった。その生産力構造が新しい時代の生産力構造に置き換わるとき、社会主義は崩壊した。もはや、社会主義と自由主義という対立は、意味を持たなくなり、社会主義の中で、自由主義と市場原理の導入の時代に向かってゆく。社会主義の国家体制が崩壊したとき、民族主義と宗教が復活した。人倫の復活ともいえる。民族の復活は、民族対立に基づく紛争に発展した。旧ソビエト地域、旧ユーゴスラビアでの民族紛争は過激を極めた。中国では、一九七八年に始まる改革開放路線が国家の指導原理となった。一九八五年から社会主義体制の勝利であったはずのベトナムで、自由市場を取り入れるドイモイが始まる。

国家原理の中には、様々な項目がある。国家は権力体であるが、同時にイデオロギーであった。国家理念の上に国家は存在するので、イデオロギーはすべてに優先している。市民社会が自然な経済の動きによってできているのとは、対照的である。ナショナリズムの根拠となるようなイデオロギー、民族的イデオロギーというものがある。これらの思想の中に、国家のルーツを求める人々の心というものがある。

【民族問題】

国家はもともと人倫である。したがって国家というイデオロギーのもとに民族的意識が帰属するという性格がある。それが民族紛争の原因となることが多い。最近の大きな民族問題の一つに、ユーゴスラビアの崩壊のあとの紛争がある。民族と宗教と言語の対立から民族的原理が、虐殺と戦争につながった。特にボスニア・ヘルツェゴビナは、三一・四％のセルビア人、四三・七％のモスレム人、一七・三％のクロアチア人の間で、残虐な紛争を生み出すことになった。虐殺と集団レイプという悲惨がかつてのユーゴスラビアのスロベニアを除く地域で勃発した。

(7)　利害・領土の対立

【利害関係は戦争の原因となる】

国家ができたとき、国益という発想が生まれ、外交は国益を大きくするということを目的としてきた。しかし各国が自国の国益を求めるとき利害対立が起こることは避けられない。国家間の経済的な利害対立となることになる。次に経済的利害対立—資源、市場、投資などは国家間の戦争につながることが近代国家の歴史的現実であった。

利権には次のようなものがある。①国境、②石油、③地下資源、④海域、漁業権・海洋航行、⑤その他、木材などの自然資源、⑥ランドラッシュに見られるような農地の確保、⑦土地そのものの所有権などがある。これらが問題となるのはすべて、「国家」利害に起因する。

利害は第一に資源である。石油、石炭、鉄鉱石、木材、漁業権、レアメタルなど、資源は国家対立の原因となる。それは、領土問題や国境紛争を生み出すことになる。利害対立は国家対立の最も実質的なものである。特に、二十世紀は石油の世紀であった。石油は、世界の政治地図の見取り図を提供してきた。

ユダヤ人国家イスラエルを生み出したバルフォア宣言に先立って、イギリス、フランス、ロシアのサイクス・ピコ協定は、石油の利権をめぐる協定を結んでいた。一九一六年五月十六日オスマン帝国領の分割をめぐって、この三つの帝国が協定を結んでいた。そしてユダヤ国家の実現というユダヤ民族の悲願がその利害関係の中でロスチャイルドの手によってユダヤ国家の実現というものに結び付いた。

そして、戦争の原因を部族、宗教、利権に還元させて交渉を繰り返してきた。当然、対立の根幹が消滅していないので、戦争が軍事力の変動とともに、海外の支援を求めながら何度も繰り返されることとなった。それを国際連合が調停するという付焼刃的対処に終始している。そもそも、全体の構造を変えることが必須なのである。恒久平和の機関は国家連合ではできない。

あるいは国家をそのまま承認したうえでの国際関係の上に構築しようと考えるのは、物事の本質を見誤っている。「国家」そのものの原理的否定の上に築かれなければならない。すなわち主要な権力・軍事部門の否定から始めることで初めて可能になるのではないだろうか。市民社会の育成がグローバル化とともに模索され、軍事なき統治・行政の方法が考えられなければならない。利害というものの分析を行うことも不可欠となる。

【石油と中東紛争】

中東の地図は、イギリスとフランスとロシアが帝国主義的利害のために領土分割を行ったところに始まる。石油である。第一次世界大戦は、戦車と飛行機の登場で国家の軍事力が石油に依存するという事態を実感させた。石油を持たない国家は、戦争に敗れて崩壊する運命にある。シリアとレバノンがフランス領土となり、イラクとヨルダンがイギリス領となり、トルコとその北方がロシア領となった。この地図が現在の中東の地図の基本線である。国家を決めたのは石油であった。中東紛争も石油を国家が独占するという不健全な介在の帰結であり、それが先進諸国の経済的繁栄の土台となることで、産油国と先進国の経済的癒着が二十世紀の世界の各国の金融資本主義のかたちであった。

現在は、石油の金融資本主義とのむすびつきが徐々に薄れ、代替エネルギーの普及拡大が石油の絶対性をくずし始めている。産油国の石油産業の国家独占という形への反発も市民社会的正義感から生まれてもおかしくない。石油の絶対的とも言えるような重要性は、薄れ始めている。宗教紛争としての中東紛争も、国家という枠組みの変化によっては、十年後二十年後には緊張を解かれていき、過去の遺物と化してゆく。政治的課題からは、二次的三次的なものとなっていく可能性がある。イスラムへの熱狂は市民社会の広がりとともに、人間性に基づくモラルや法的正義感に置き換わってゆくということが歴史の方向性となることも考えられる。

サウジ・アラビアやアラブ首長国連邦などは、脱石油の産業に目を向け始めている。しかし、すべてが国家プロジェクトである。民間企業の成長が、この地域の発展には必須である。スーダンの首都ハルツームでは、建設ラッシュが続く。市場は確実に増大し始めている。石油以後の市場の拡大が要になる。無税国家は石油という財源を失うと、税金の制度を考え始めなければならない。遊牧民にとって、税金は異次元世界である。発展にはまだまだ時間がかかりそうである。発展より衰退が先にやってくる。教育が効果を奏していないということも発展を左右する大きな要因となるはずである。

イラクという国は、第一次世界大戦のあと、イギリスが主導して一九二一年オスマン帝国を解体して作った国である。現在のシリアにイスラム国ができ、世界の平和を脅かし、大量の難民を出し、シャンゼリゼが中東の難民であふれかえるという事態は、帝国主義の植民地政策の現代への禍根となっている。それは、ＥＵの問題ではなく、帝国主義国家の問題であり、石油の利害を巡る金融資本主義のありかたの問題であった。イラクの問題もアメリカとイギリスが率先して戦争に導いたのは、石油の利害に端を発する国境線の問題であり、産油国と産業が育たないこの地域の経済の極端な二重構造の問題である。即ち、石油と関連した富裕層と遊牧生活に基礎を置く一般庶民という二重構造である。

【資源問題】

石油は言うに及ばず、レアメタル・金・メタンハイドレード・銅・錫・ボーキサイト・石炭・鉄鉱石などの資源をめぐる権益が、国家利害と結びつき、国境紛争の原因となり、戦争の原因となる。

民族紛争とみられる紛争の背後に石油の利権の問題が作用していることもある。チェチェンの民族主義は、石油の利権と不可分であった。パイプラインをどこに通すかということが、チェチェンとエリツィン大統領のロシアの利害を対立させ、紛争を引き起こした。

【国境問題】

国境と領土をめぐる問題は国家が主権を持ち絶対的な枠組みの前提となっている世界では、

解決の方向は見いだせない。戦争による解決のみがそこにあり、戦争の直接の原因となることが多い。国民感情がその戦争への道を後押しする。国境問題は国家紛争の原因であり続けている。世界中には領土をめぐる紛争があふれている。国境と領土の問題は、国家を原理として主張が繰り返され、戦争の原因を作ってきた。

近くは、ロシアとウクライナの間でクリミアの帰属をめぐる紛争が起こった。ソマリアは三つの地域で紛争が絶えない。日本が関与するものとしては、北方四島、尖閣諸島、竹島などがある。領土問題は戦争を生み、戦争の結末がまた領土問題を生む。その繰り返しである。八か国が関与する問題として、サプラトリー諸島（南沙諸島）の帰属問題がある。クウェートへのイラク軍の侵攻からイラク戦争への発展には、クウェートの国境問題が石油の利権と絡んで存在した。エチオピアから独立したエリトリアとエチオピアの間では国境紛争が長期にわたり続いている。

領土問題は、民族的熱狂につながりやすい。人々は領土が侵略されると極度に民族主義的になる。戦争が愛国心を生み出すのと同じような心理である。領土問題の背後には国家的利益ということが潜んでいる。領土をめぐることが戦争を引き起こす。戦争廃絶という一点で、領土問題の棚上げをした方がいい。国家原理から世界の枠組みが変化するとき、民族感情や利害調整は共同の協議の場に移ることになる。

2　軍需産業と武器輸出

【戦争・紛争は兵器が生み出す】

紛争は兵器があるから起こる。兵器を無くすことができれば、紛争は根本的に起こりにくくなる。棒切れやナイフでどこまで戦争になるだろうか。それも、警察力である程度抑え込むことができる。兵器が十分あるから、それに訴えて政治的目的を達成しようとするのである。世界の武器製造国は、アメリカを筆頭に、ロシア、中国、チェコなどである。日本も武器を製造し、安倍政権が輸出を始めた。死の商人と呼ばれる人々が、歴史を作ってきた。武器がないと戦争はできない。さらに、武器が戦争を引き起こす。現在、世界は武器であふれかえっている。武器を提供する国があり、死の商人が行脚し、支援ということで武器が提供される。支援で提供された武器で大量の殺戮が繰り返される。シリアに、アメリカとロシアの支援がなければ、これほど大きな戦争にはならない。一歩進んで、世界から武器を一掃する歩みが始まれば、殺戮の大半が消滅する。

戦争の原因は、武器商人、死の商人が作ってきたという側面がある。死の商人は、戦争を推進する勢力に取り入り、戦争を仕掛ける。イギリスの兵器産業のアームストロングの技師サー・ウィリアム・ホワイトは明治中頃、日本にやってきて建艦技術の手ほどきをした。一方で中国政府をそそのかして軍艦を売り込み、他方で、日本政府に中国艦隊の威容を説いて同じように軍艦を売り込んでいる。このようにして軍需産業が育ってゆく。国家都市の商人が癒着するところに近代史と戦争が作られていった。

(1)　アメリカの軍需産業

【世界の軍事予算と兵器輸出額】

世界全体の軍事支出は、二〇一〇年で一・六兆ドルである。二〇〇〇年からすると、五三％増えている。二〇一六年で一兆六、八〇〇億ドルである。世界のGDP総額の約二・六％である。二〇一六年の世界の軍事予算の概算の額を見ておこう。一位はアメリカで、六、一一二億ドル、二位は中国四、一一八億ドル、三位インド二、一五四億ドル、四位ロシア一、八三四億ドル、五位サウジ・アラビア一、七三〇億ドル、六位フランス六二七億ドル、七位、イギリス五一六億ドル、八位日本四九二億ドル、九位韓国四七八億ドル、十位ドイツ四七七億ドル、十一位イラン四三七億ドル、十二位ブラジル四一四億ドル、十三位アルジェリア四〇一億ドル、十四位パキスタン三六一億ドル、十五位イタリア三四九億ドル、十六位アラブ首長国連邦三四六億ドル、十七位トルコ三三三億ドル、十八位オマーン二六七億ドル、十九位インドネシア二六六億ドル、二十位イラク二三五億ドル、である。この予算で自国で兵器を生産する国と、生産する能力を持たず主に海外から輸入する国がある。

武器輸出のトップは、アメリカで九、八九四億ドルである。自国の軍需費の一・五倍にのぼる。二位はロシアで六、四三一億ドルである。自国の軍事費の三・五倍もの輸出額である。この二か国が主に世界に武器と戦争と紛争をまき散らしているといえる。三位ドイツ二、八一三億ドル、四位フランス二、二二六億ドル、五位中国二、一二三億ドルである。これらの諸国が、自国だけでなく、他国での戦争の推進者であるといわざるを得ない。

【世界の主な軍隊】

アメリカ軍の兵力は、二〇一六年で一三四万七、三〇〇人である。日本の自衛隊が、二四万七、一五〇人、ドイツが一七万六、八〇〇人、フランスが二〇万二、九五〇人、イギリスが一五万二、三五〇人である。冷戦の終結によって日本以外の国は大幅に縮小している。軍隊の大きさは世界情勢によって、敵国および仮想敵国の在り方によって左右されている。ソビエト連邦の崩壊のあと、一九九二年五月七日にロシア軍が創設される。規模は、一八二万二、三〇〇人である。アメリカ軍の倍を上回る人数である。ロシアの人口が一億四、八〇〇万人であるので、人口の一・九二%にも上る。二〇一六年の兵力数は、ロシアが一四五万四、〇〇〇人、中国が二六九万五、〇〇〇人、である。

【アメリカの軍事産業】

世界の軍事産業で圧倒的優位を持っているのは、いうまでもなくアメリカである。第二次世界大戦でも、ドイツに対しても日本に対しても圧倒的な軍事力を行使した。軍事力は、その時代の産業と技術に深く結びついている。火薬の発明、銃、機関銃、大砲に始まり、軍艦、飛行機の時代となり、戦後はミサイル、潜水艦、核爆弾が軍事力の主力であった。そして、コンピューターを核としたハイテク技術と軍事ロボットが、現代の軍事力を左右するものとなっている。同時に、缶詰に始まり、輸送体制、医療技術体制に至るまで兵士や軍の組織を支える技術も、重要な軍事力の要素となっている。

【アメリカの軍需産業の位相】

アメリカは世界の警察を自認してきた。直接的には社会主義の資本主義の体制間の冷戦がその原因を作ってきた。一九八九年末の冷戦の終了とともに、社会主義の脅威はなくなり、かつてのドミノ理論などは過去のものとなっていった。しかし、新たな意味でアメリカは「世界の警察」であり続けている。世界を六つの艦隊で防御しようとしている。ミサイルを搭載した空母を世界中に展開し、自国の方針に乗っ取って外交戦略を立て、世界秩序をグローバルスタンダードに、民主主義に、そして自由主義にしようとしている。グローバル経済を守ることがアメリカの存立の基軸となってきている。

かつて、ＩＭＦ体制でドルによる世界経済の体制を構築し、ＧＡＴＴからＷＴＯにいたる自由貿易体制でアメリカ経済の経済圏を作っている。それはシーレーンを守り、世界の海を守ることは貿易を存続させることでもあった。この本来の意図からするとき、世界軍事機構へ移行させることは決して国益と国策に反するものではない。むしろ自国の負担を軽くし、歓迎される可能性を持っている。ただ、軍需産業の側からの反発は起こりうる。より重要なことは、軍需産業は世界軍事機構の傘下に入ることである。

(2)　世界の軍需産業の状況

【戦争を支えた軍需産業】

かつて、クルップとＩＧファルベンという巨大軍事企業が、二度の世界大戦のドイツの力を支えていた。アメリカのデュポン、イギリスのアームストロングなどが、アメリカやイギリスを支えた軍需産業であった。日本は日本油脂が政府のテコ入れで作られ大量の火薬を作ってきた。これらの企業は軍需産業として健在である。ＩＧファルベンは、重役十三名がA級戦犯として裁かれている。それにもかかわらず、火薬製造会社としてＩＧファルベン自体は復活している。

【中国の軍備増強】

中国はアメリカに次ぐ軍事大国になっている。武器輸出大国でもある。冷戦が地域紛争として展開されていた時代は、社会主義国と先進資本主義国の代理戦争であった。ベトナムをはじめカンボジア、アフガニスタン、ニカラグア、エルサルバドル、などで戦争が行われた。ソビエト、中国、アメリカのそれらの支援ということで、武器を提供し戦争状態になっていた。中国の武器製造は、ソ連製のコピーであった。カンボジアに中国製兵器が提供されてきた。アフガニスタンの地雷も中国製である。現在は、中国製武器は、輸出されているがかつての社会主義圏の拡張という使命感はない。

【旧社会主義諸国の軍需産業】

チェコスロバキアは、戦前、機関銃を中国に提供していた。戦後も照準を紛争地域に提供してきた。一九六八年、自由化を目指すチェコスロバキアにソビエト軍が侵攻して以来、チェコの武器製造は終わる。それに代わってユーゴスラビアが武器の生産に乗り出し、武器輸出へ踏み出している。

シリアのアサド政権をロシアが支援している。ロシアの軍需産業は、ソビエト連邦の崩壊を超えて存続した。核も軍事産業も軍事官僚も存続した。

【日本の軍需産業】

日本は平和憲法を持ち、世界の平和に貢献するということを、戦後の「国是」としてきた。非核三原則や武器輸出三原則が、国家の基本方針のはずであった。ところが、安倍政権は、二〇一四年四月一日に武器輸出を解禁した。日本の軍需産業は経済的利益と絡んで、世界に武器輸出を始めたのである。ほとんどニュースで取り上げられていないが、国家の方針としては最重要事項のはずである。

日本の軍需産業は、防衛庁の需要によってきまる。しかし、安倍政権が二〇一四年に武器輸出を解禁してからは、武器輸出ということが視野に入り始めている。それ以前から、武器製造業者は、ビジネスの観点からして、武器輸出を望んできた。日本の高い技術力は、武器の自国生産を可能にするものである。実際、アメリカとの同盟関係があるので、戦闘機などをアメリカから購入するという方針はある。しかし、多くの通常兵器は国内で生産している。

日本は、一九六〇年代から「武器輸出三原則」を持っている。第一段階の三原則は、佐藤栄作内閣が一九六七年に示したもので、1．共産圏、2．国連決議で武器の輸出が禁止されている国、3．国際紛争当事国、などの輸出禁止である。第二には、一九七六年の三木武夫内閣のもので、一歩進んで、1．六七年に示された地域、2．憲法と外国為替および外国貿易管理法に乗っ取り、武器輸出を慎む、3．武器西欧関連施設を武器に準じるものとする、という内容を持っている。

二〇一五年五月十三日から三日間、武器展示会が「パシフィコ横浜」で開かれた。安倍政権のもと武器輸出が始まった。かつて、武器輸出は政府の「三原則」で禁じられていた。豊和工業は一九六七年にブラジルからの注文で輸出許可を取り、輸出を試みる。結局実現しなかった。製造した四千丁を猟銃に作り替え、アメリカに輸出した。それが、北アイルランドの革命軍の手に渡っている。（朝日新聞社会部『兵器産業』朝日文庫、一九八六年刊）

【武器輸出と戦争】

アメリカ、ロシアなどの兵器産業は、自国の政府に武器を納入するだけではなく国外への武器輸出が大きな活動となっている。アメリカの、アライアント・テクシステムズは、ペンタゴンの受注を受けるだけでなく、多くの国に武器輸出している。アメリカの銃器メーカーは、五十二か国に銃器販売を行ってきた。ライフルや機関銃など、一度、打ち方を習えばだれでも使える銃器を氾濫させてきた。紛争地帯の、レバノン、ソマリア、ナイジェリア、ウガンダ、ザイール、ハイチ、パナマ、グレナダ、インドネシアなどで、アメリカ製のライフルが売られてきた。

国家予算が軍需産業の景気を左右する。経済の法則ではない。軍需産業は権力の僕である。

銃の開発は国家の需要と一体である。世界の兵器を共通化する動きがある。口径五・五六ミリの銃は、米軍がまず使用し、ＮＡＴＯ諸国も八〇年、共通弾として使用した。

【死の商人か国家か】

死の商人は、商人である。儲かるためには敵味方がない。戦争のための武器は国家レベルのものと、死の商人が取り扱うものがある。金額の安いものは、国家が扱うことなく、死の商人に任せる。武器商人は、兵器・弾薬を調達し、輸送する。彼らは、旧共産圏諸国、旧ユーゴ諸国、スペインなどの国防省などに闇のパイプを持つ。兵器輸出は最終使用者証明書が必要となる。武器商人は大使館に最終使用者証明書を偽造させるパイプを持っている。ロンドン、ハンブルク、ルクセンブルク、ベオグラードなどに事務所を開設している。（松井茂『世界紛争地図』新潮社、二〇〇頁参照）

戦争の影には、ヴィッカーズ、ＩＧファルベン、クルップ、シュナイダー、三井、三菱などの死の商人が行脚していた。それは国家と結びつくことも、戦争当事者のそれぞれの国家と結びつくこともあった。死の商人には祖国というものがあるようでない。重要なものは利潤であり、愛国心とか、隣人愛は、彼らには無用の長物であった。

死の商人を退治すべきだという人の中には、軍需産業を国有化すべきだという主張がある。

そのことによって戦争となる国際的な武器販売は制限できるという主張になる。しかし、ヒットラーのドイツも太平洋戦争期の日本も死の商人が活躍した。一八九〇年のブラッセル会議でアフリカへの武器輸出を禁止した。しかし、一八九六年のエチオピア軍は、密輸による英仏製の武器で、アドワの戦いに勝利した。国家こそ戦争遂行の主役であり、軍需産業を国家に限定しても、戦争は消滅しない。

兵器商のマーカス・カッツは現代の武器商人の黒幕であり、アドナン・カーショギーが中東をめぐる武器売買の大きな担い手である。政府と政治勢力が武器を購入するのに彼らと結びついている。多くの武器商人が、戦争を金儲けの機会ととらえて商いをしている。武器取引は戦争と関連した残虐行為を生み出す。（残虐行為の例としては、アンドルー・ファインスタイン『武器ビジネス』原書房、上巻一〇〜一二頁を参照されたい。）

【軍需産業の帰属】

現代の戦争と紛争の原因の最大のものが、武器産業が国家と結びついて巨大産業となっているということであり、武器の輸出が広がっているという事実である。国家と武器産業の癒着を断ち切ることが必要である。

武器産業は世界軍事機構のみが扱うことにしなければならない。武器の発注は国家の手から世界軍事機構の手に移されることが必要である。長期的には、すべての国が世界軍事機構に加盟するとき、ほとんどの武器製造は世界軍事機構のもとに管理される。個人、集団、国家から武器が消滅するということは、グローバル市民社会が形成されることによる必然的な帰結である。近代社会が成立し、市民社会が形成されたとき、すべての武力を国家のみに集約したのと同様に、グローバル市民社会ができるときに、世界のすべての武器製造は世界軍事機構のみが、武器の管理を独占的に行うことになる。軍需産業はすべて世界軍事機構にのみ帰属しなければならない、ということになる。武器の保有は、世界軍と各国警察の取り締まりの対象とすべきである。

一九六〇年代前半は、アメリカは最大の武器輸出国になっている。イギリスの影響力の低下に代わってアメリカがソビエトの兵器産業に対抗するための武器輸出を行った。イギリスの〈ヴィッカーズ＝アームストロング〉はかつて世界の武器市場で最大のものであった。戦艦は、一八九〇年ごろにはじまり、一九五〇年代まで武器市場の最大のものであった。ジェット機がそれに次ぐ。

アメリカ合衆国憲法は、基本的人権として武器の保有を認めている。武器が出回っていることを前提とした、規定である。武器を廃棄すれば、このような規定自体が不要となり意味を持たなくなる。世界軍事機構への加盟と同時に、この条文は改訂されなければならない。

(3)　核兵器

【核の始まり】

世界初の原子爆弾は、一九四五年七月十六日、ニューメキシコ州の砂漠で実験が成功したものである。そしてソビエト連邦が、一九四九年七月十日に原爆実験を成功させている。アメリカの核独占はあっけなく崩れ、核競争の時代に突入することになる。

核は原子物理学の発展から生まれた。原子物理学者はこぞって核廃棄を訴えている。しかし、作ってしまったものはなかったことにはできない。デュポンが、日本に投下する原子爆弾を製造した。そして、核戦争の時代が訪れた。

核爆弾には、二種類ある。ウランを使用したものとプルトニウムを使用したものである。広島に落とされたのはウラン型、長崎に落とされたものはプルトニウム型である。ウラン型のみが水素爆弾の製造につながる。水素爆弾は、原子爆弾の数百倍の威力がある。

【冷戦は核戦争であった】

アメリカの軍事戦略は、ソビエト連邦を中心とした社会主義を敵という想定の下に立てられていた。一九六二年のキューバ危機は、核戦争の可能性を現実のものとして見せつけた。ほっておくとたえざる軍拡と核兵器の増産になってゆく。それを抑えようという工夫は、核軍縮への動きが出てくるが、核兵器の競争の方向性は抑えられない。

【核軍縮と核を廃絶する動き】

一九六八年に、核拡散防止条約（ＮＰＴ）が締結されている。国際連合主導の条約である。核保有が認められた国は、国連の常任理事国である。第二次世界大戦の戦勝国による核の占有といってもいい。アメリカ、ソビエト連邦、イギリス、フランス、中国である。それぞれ、アメリカ二、四六〇発、ソビエト連邦四、六三〇発、イギリス一六〇発、フランス三〇〇発、中国二一〇発である。この条約に百九十か国余りが参加している。これは平和を守る条約といえるだろうか。核を保有することは核を使用しないということではなく、使用することが前提である。

一九七二年に、ＳＡＬＴＩが締結された。一九八七年に中距離核戦力全廃条約が締結された。核弾頭でアメリカやソビエトの攻撃ができないということが第一前提である。しかし、イスラエルや日本、またキューバに核を搭載するとどこの地域でも核攻撃できる。

一九九一年には、第一次戦略兵器削減条約（ＳＴＡＲＴＩ）が、二〇〇二年にはモスクワ条約が締結され、核軍縮への動きはある。しかし、核の廃絶には程遠い。核保有を二千発から千五百発に減らすとされた。しかしこのことで何が得られるだろうか？国民の安全ではなく、費用削減の財政的効果があるだけである。

オバマ大統領は、「核のない世界を目指す」と訴えてきた。二〇一〇年四月、ロシアのメドベージェフ大統領との間で「新ＳＴＡＲＴ」を締結して、核のない世界へ歩み始めた。オバマ大統領の主張は、二〇〇七年一月に「ウォールストリートジャーナル」に発表された、キッシンジャー元国務長官、シュルツ元国務長官、ペリー元国防長官、ナン元上院議員の論文がもとになっている。アメリカの核政策を進めてきた四人である。この主張に偽善はないだろうか。核に対する新たな脅威が出てきたことが、このような主張が出てきた背景にある。核をテロリストの手に渡さない、ということがある。

中国とロシアの核保有は、核兵器削減につながるだろうか。ＮＰＴで認められた以外の核保有国が存在する。インド、パキスタン、イスラエル、イランなどである。核保有と原子力発電も含めて、廃棄、または世界軍事機構による一括管理以外に、核廃絶の道はないように思われる。核廃絶がないと、人類は死滅することになる、という判断のほうが正しいのではないだろうか。

「核抑止力」という考え方がある。核抑止力という発想の根本は、人類の破滅と国家の存続をはかりにかけたものである。これをはかりにかけるということ自体が、愚かである。人類の死滅などははかりに乗せるべきことではない。危険な妄想と言わざるを得ない。

【核管理の問題】

核技術は平和利用というもの自体が問題である。国家は経済政策、軍事的効果などの観点から、核開発を行っている。技術が不十分な中で、国家政策の都合から核を開発している。そのこと自体に危険性がある。むしろ核は廃棄した方が早い。少なくとも、利己的性格を持つ国家ではなく、原子力発電などの危険性を考慮するとき、世界軍事機構の管轄下に置くべきである。

核兵器を踏まえて、高速増殖炉（ＦＢＲ）の開発が各国で進んでいる。高速増殖炉は軽水炉に比べて六十倍のエネルギーを生むことができる。核兵器への転用を視野に入れながら、プルトニウムの生産が行われる。日本が一九七〇年代半ばからオイルショックを受けてその方向に進んだ。それに韓国が追随し開発に乗り出した。北朝鮮がそれに続く。中国もその道を歩み始めている。国家の利己的政策は、人類の破滅につながる道だと言える。すべての核技術を国家レベルにゆだねる危険性に、私たちは踏みだすことはできない。核技術を禁止するか、少なくとも世界軍事機構の管理に移行するか、という道を取らなければ、人類は破滅する。

【核兵器開発の技術者】

かつて、世界の兵器生産は、アメリカが一位、ロシアが二位で、三位はウクライナだった。ウクライナが非軍事化に進む中で、核兵器開発の技術者は、十分の一に減らされた。北朝鮮はそれに目をつけ技術者を引き抜いている。核開発を加速させた。二〇一七年のＩＣＢＭ相当のミサイル開発に至っている。

技術者は、優秀な人材である。その人たちを確保しておく必要がある。しかし、核開発はなくしていくのだから、他の仕事を用意しなければならない。

【核体制見直し】

トランプ政権の核戦略を改定している。ＮＰＲ（核体制の見直し）になっている。爆発規模の小さな核爆弾の開発、核使用条件の緩和を打ち出している。背景にはロシアの核兵器使用への構えが強くなっていることがある。核兵器使用のハードルが低くなってきているのである。ロシアは核兵器の使用を通常兵器の破壊力を少し大きくした程度という認識しかしていない。核兵器は、危険度が大きくなってきている。（二〇一八年二月十日、日本経済新聞）

アメリカは新たな核兵器の開発を進めようとしている。潜水艦発射弾道ミサイル（ＳＬＢＭ）用に爆発力を抑えた核弾頭や海洋発射型の巡航ミサイルの開発である。核を敵国の局地的使用に使うためのもので、実戦配備のための開発である。（二〇一八年二月四日、日本経済新聞）

【原発の廃棄】

原発は廃棄されなければならない。チェルノブイリ、スリーマイル島、福島の事故はどこかでまた繰り返される。原子力発電は不要である。

原子力空母は安全であろうか。空母は戦争のための船である。敵の攻撃を受けるという想定はあまりに当然である。その時、空母は被害をまき散らすことになりはしないだろうか。現在のアメリカの空母は、四隻を残して、残り九隻が原子力空母である。

軍事産業が核を支えている。闇市場で核ネットワークが存在する。カーンネットワークという組織である。カーン博士はパキスタンの核製造技術の基礎を構築した人物である。

【国家は核を推進する】

国家でないと核は製造できない。しかし、やがて個人の手で簡単な核を作ることができる可能性はある。国家は、戦争を引き起こす元凶であったということから、決して平和と安全のための組織とは言えない。そうでない場合のほうが多い。時として、国家そのものが悪の元凶なのである。

【北朝鮮とアメリカの緊張】

アメリカの北朝鮮作戦の中核は、原子力空母・レーガンである。空母艦搭載機は六十六機である。これに対し、北朝鮮は重火器一万を配備し、ソウルを瞬く間に火の海に沈める準備ができている。核開発、ミサイル攻撃もすでに昨年にほぼ完成している。

何のための戦争準備か。北朝鮮の側の論理は、国家の壊滅を避ける抑止力を持つことである。アメリカとアメリカとの同盟国を敵視する。韓国と日本はアメリカの地球防衛の協力体制に組み入れられてアメリカ軍の論理への協力者である。

プーチンのロシア、習近平の中国、金正恩の北朝鮮が、アメリカの仮想敵国となり、核戦争も含めた戦争の火種が世界各地に散らばっている。NATOと日本、韓国などのアメリカ中心の同盟が世界の海を防衛しようとして、そのことによって壊滅的な戦争に突入する可能性を含んでいる。戦争は一瞬で人類の壊滅につながってもおかしくない。

【核の廃絶】

核兵器の廃絶は武器の廃絶の一部である。核兵器は軍事的小国が自国の存立を守りたいということから出る政策である場合が多い。多くの国が安全保障を模索する中で、核兵器が存在した。その論理は核の抑止力ということである。あるいは核さえ開発すれば、敵対国はむやみに戦争できないということでもある。しかし、これは危険性を増大させる結果になる。

核抑止力という論理は人類破滅の危険性をはらんでいる。第四次中東戦争でイスラエルは核兵器を投入して、国土を守ろうとした。ソ連がアラブ諸国に供与したＰＧＭ（Precision Guided Munition、精密誘導弾）が、イスラエルの空軍および機甲部隊に甚大な損害を与え、イスラエルは一時、亡国のうちに追いやられたためである。核は抑止力のために持つわけではないのである。あくまで使用が前提なのである。

【核兵器の運用】

戦後の核兵器に関する運用で、新しく考慮される事項がある。

第一は、核兵器は放射線による「二次的被害」を与えるということである。

第二に、広島・長崎の原子爆弾の投下と違って、弾道ミサイルと組み合わせるということである。これによって核兵器は圧倒的破壊力を持つ「絶対兵器」となった。ＩＣＢＭ（大陸間弾道ミサイル）は、地球上のあらゆる標的に向かって核攻撃を可能にし、中距離弾道弾ミサイルは、多くの国への核攻撃を可能にしている。それと組み合わせて発射場所を移動させることが検討され、実現している。原子力潜水艦に核ミサイルを搭載するという方法である。さらに、ミサイルに対抗するための早期警戒システムが開発、配備されるようになっている。核ミサイルを阻止する防衛システムの開発は、「戦略防衛構想（ＳＤＩ）」を生み出す。弾道ミサイル迎撃システム（ＡＢＭ）を配備するに至っている。

第三に、核兵器さえ開発すれば、圧倒的な破壊力で通常兵器と軍事力の劣勢を補うことができるということである。

第四に、核兵器の大量破壊ということが「抑止戦略」に利用できるということがクローズアップされる。多くの国が核を持つことで軍事戦力上の優位を築こうとしてきた。

【核兵器の現状】

核を廃棄することは、理論物理学者の使命感だけでなく、多くの人々が望むところである。ヨーロッパ連合に、ＥＵＲＯＴＥＭを作ることが大きな目標の一つであったが、不発に終わっている。核の共同管理である。

核は広範なものを破壊し、数十万人、数百万人を一瞬に死に至らしめるだけでなく、そのあとに死の灰をまき散らす。放射能汚染を蔓延させる。

核の攻撃に対して防衛を行うという発想が、ＳＤＩ構想を生み出した。核戦略防衛構想である。弾道ミサイル迎撃システム（ＡＢＭ）の構築である。今もその装備が行われているが、核攻撃のほうが簡単である。弾道ミサイル迎撃システムの開発が行われた。アメリカのみならず、欧州諸国、日本、イスラエル、韓国が、ＳＤＩ研究に協力をすることが求められた。しかし、一千発の核ミサイルを発射すれば、防衛することは全く不可能である。十発でも迎撃することは極めてむずかしい。ということは、ＳＤＩは無力であり、無駄であるということになる。

第五章　世界軍事機構　案

アメリカが自国の利権、利益、威信、国力を放棄するはずがない。国際連合も、同盟国も、NATOも、アメリカはすべてを国益のために利用するというのが基本である。しかし、「アメリカ」というものが国家という枠組みの中での話なのである。今、私たちが考えようとしている変化は、国家そのものを超える活動なのである。アメリカの人々が、国防を考えて本土防衛を考えるのではなく、戦争を要らないと考え、地上から戦争を無くすという道に賛成するかどうかの問題である。ほとんど、九〇％の人は戦争を望まない。できれば廃止したい。でもそんなことはできないと思い込んでいる。どうして戦争を無くすことができるのか、それが、世界軍事機構を創設することで、可能であるということを、この章で提示したい。そしてそのための道を次の第六章で提示したい。

アメリカの巨大な軍需産業を世界軍事機構が取り込み、そして削減してゆくという道程は、至難の業であるように思える。アメリカという国は軍需産業がロビー活動などを通じて、政府を支えている。少なくとも、銃の保有も含めて武器製造が国家と深く結びついているので、平和を実現するためには国家の役割の再検討が必要である。国家から軍需産業を切り離すということが不可欠ではないだろうか。

【世界軍事機構と戦争廃絶のための必要事項】

今、戦争を廃絶することは、戦争が多発している中で時代の急務である。しかしその道はまだ始まっていない。今の時点で、多くの戦争が行われている。それにもまして大きな戦争の危機が存在している。これらの戦争の原因となる要因を第四章で検討してきた。

この章では、世界軍事機構による戦争廃棄との道を考察する。世界軍事機構は、国家を超えた世界組織として実現を目指そうとするものである。世界の国家から軍事機能を、世界軍事機構に移行させることによって実現するというものである。世界軍事機構のあり方の前提となる事項を考察しておかなければならない。

明確にしなければならないことは、第一には、戦争廃絶の方法と様々な戦争を生み出している原因の解決方法の原則を提示することである。それは、「世界軍事機構」の提案とその創設に至る青写真の作成である。世界の各国の軍隊を廃棄し、世界軍事機構へ移行させる工程の明確化である。

第二に必要な作業は、世界の国々が対立していることに関する解決の原則を世界軍事機構規約の中で明示しておく必要がある。次のような事柄に関する解決の原則の提示である。①国境問題の妥結の原則、②民族自決の願望を国家形成につなげる平和の方法の提示、③利害調整の原則、④宗教的和解と寛容の原則、⑤覇権主義的発想の自重と調整、といったことが世界軍事機構の規約の中に明確にしておく必要がある。

第三に、国家がまずどのような方向で対処しなければならないか、国家の新しい役割の明確化とそのような国家改造への提案である。

第四に、世界軍事機構ができるときの政権の政策を検討しておく必要がある。現時点で国家は軍事的にできている。そして、無意味な改革や政策に手を染める政権がほとんどである。何が必要かという見当も同時に提示する必要がある。（国家の政策に関しては、日本を中心に別の著書『日本の使命』で述べたい。今年（二〇一九年）中に出版すべく執筆中である。）

1　世界軍事機構への道

【国家の軍事を世界軍事機構に移行する】

世界軍事機構の可能性が、グローバル市民社会の形成にあるとすれば、一方でグローバル市民社会を充実させることがまだまだ必要であり、もう一方で、世界軍事機構構築のための行動が必要である。グローバル市民社会の形成はいわば自然の過程であるが、各国の政策や企業の活動、ＮＰＯの活動などが形成に寄与することが期待される。その検討は第一章で述べた。世界軍事機構の構築は人為的、政治的課題である。この課題をいかに実現させていくかということが本章の主題である。

第一に、世界軍事機構がどのようなものであるかを論じる必要がある。

第二に、世界軍事機構の法的枠組み規約を作る必要がある。

第三に、世界の各国がそれに加盟するための必要事項として国家の改造が必要なので、その青写真を示す必要がある。各国家が憲法改正案を作成し、新しい形の国家の運営はどのようになされるべきか、ということを示す必要がある。憲法改正は必要なく進めることができる国と、憲法の改正が必要要件となる国がある。

以上のことを実現するための組織はどのようなものか。多くの場合、国家を運営する政府を掌握すること、この意図を持った勢力が政権を握る必要があると思われる。

【国家ではなく、世界軍事機構が国民を守る】

国家は国土と国民を外国の軍事的脅威から守ることを使命とするということが、安全保障を第一にする現代の国家の役割と考えられてきた。しかし、同時に国家は戦争を行う主体であり、軍需産業は国益を目指すように作用したりする。国家は、軍事を活用することで国益を増大させ戦争の脅威を自ら生み出している。

視点を国家から世界平和に移そう。国家はむしろ第一の任務である国民を守るということを国際機関にゆだねることを考えてみよう。そのことで第一の側面である軍事的脅威を生むということを消滅させることを考えよう。世界全体として戦争を回避することができるという道である。

【国家機能の世界軍事機構への移行】

世界軍事機構をつくるには直接的な資金の拠出が必要である。世界のGDPを一京円とすると、その〇・五％は、五十兆円なので現在のアメリカの軍事予算が約七十兆円という額からすると、それぐらいが適当じゃないだろうか。ただ、安全のためには、状況に応じ判断すればいいが、〇・七％で七十兆円ほどにしておいてもいいように思われる。

五十兆円の場合、日本の負担は現在GDPの一％枠という考えからすると、現在の防衛費の半額程度の負担になる。防衛予算がゼロとなり、その代わりの世界軍事機構への拠出金が発生すると、日本の場合で国家予算からすると国防のための経費は半額になるわけである。世界軍事機構の予算としては、当面、各国に〇・五％の支出を課すというのでどうだろうか。これは、五年ごとの見直しを行うとすれば確実に減少してゆくのではないだろうか。

各国の軍事費は、二〇〇七年～二〇一六年の平均で、一位アメリカ六、一〇〇億ドル（約六七兆二、〇〇〇億円ほど）、二位中国二、一五〇億ドル、三位ロシア六九二億ドル、四位サウジ・アラビア六三七億ドル、五位インド五五九億ドル、六位フランス五五七億ドル、七位イギリス四八三億ドル、八位日本四六一億ドル、九位ドイツ四一一億ドル、十位韓国三六七億ドル、となっている。一位から十位までの合計が、一二、四二七億ドル、約一三七兆円ほどである。

さらに、今、世界軍事機構を考慮しようとするとき、国家から外交権と戦争する権利を剥奪することになる。それは、国家の役割が根本的に変わることを意味する。冷戦の終結、グローバリゼーションの進展とともに国家の役割から外交権と戦争権を無くし、戦争を無くす時代に移行させる可能性が生まれている。

世界軍事機構の基本的基盤を考慮するとき、世界軍事機構と国家に分けて、国家主権を分断させることになる。戦争をする権利、武器を装備する権利は国家の存亡にかかわるものであった。この国家主権の中枢をなす権限を、国家は放棄して、世界軍事機構に移譲する。そのことが、今、可能であり、必要な時を迎えている。戦争と紛争を回避するためである。

それ以外の国家の機能は、今の段階では、国家に残しておいた方がいい。社会保障・医療行政、教育行政、経済政策、税金と財政などである。しかしいずれもますます、国際調整が必要になってくる。国際連合のような国家が構成メンバーであるという組織では、国家利害が頻繁に顔をのぞかせ、国家は軍事力を背景とした行動をとることになる。それは軍事対立を生み出し、国連総会は軍事力を背景とした外交の場にならざるを得ない。だから国連は、戦争や紛争を解決することはできない。この本質を見極めることが、今、重要な要件である。国家からの世界軍事機構への軍隊・兵器の移譲がなされたうえで、国家から独立した機構を構築しなければ戦争廃絶には至らない。現在の国連に見られるように、強い国家や国家の数に動かされて様々な矛盾が生じる。その意味で国際連合は、極度の不効率に陥っている。

【国連の基本性格】

国際連合は、言うまでもなく、第二次世界大戦の戦勝国が世界を軍事的に支配するための機関である。国際連合はそこから世界を代表する機関として、生まれ変わったであろうか。多くの国が加盟して、世界的な機関にはなっている。

しかし、国連は、１．核を禁止していない。

２．戦争を否定していない。

核を禁止することと戦争を否定することが、われわれの出発点とならなければならない。核拡散防止条約を見る限り、国連は平和の機関として脱皮することはできないといわざるを得ない。

2　世界軍事機構の概念

【経緯】

世界の外交の原理は、帝国主義イデオロギーは国家主義と結びついていた。一八四八年の共産党宣言から一八六〇年代の国際労働運動の高まりの中で、マルクス主義が成立し、それ以来、社会主義イデオロギーも社会主義各国と社会主義勢力の使命となっていた。これら二つのイデオロギーは、戦争を否定するものではない。むしろ時として戦争をもたらすことがあった。戦後の平和思想の中で、国連、ＮＡＴＯなどは国家を前提とするので、平和を唱えながら平和を実現できるものでなく、戦争を否定することも核兵器を否定することもなかった。

冷戦の時代は、社会主義体制も資本主義体制もそれぞれの体制が地上を覆うものにするという使命は持っていた。同時に反対の体制に対する恐怖を併せ持っていた。社会主義にとって資本主義はすべての悪の根源であり、資本主義にとって社会主義は悪魔の思想であった。妥協できる正義は、体制の安全を保障するということであった。特に、アメリカとソビエト連邦以外の諸国は、安全保障が第一であった。そのために、イギリスもフランスも西ドイツも日本もアメリカに同盟関係を結び軍事的協力の体制を構築していた。他方で、ポーランドも、ハンガリーも、チェコスロバキアも、ブルガリアも、ソビエト連邦に対し、協力関係を作っていた。時代の原理は、多くの国にとって進出・侵略ではなく「安全保障」であった。

冷戦の終結が軍事体制の変革をもたらす。一部の国は軍縮を行ったが、軍事増強した国もある。そして決して全体としての軍備は縮小されることなく、外交と戦争、武器支援がこの時代に多くの地域で、紛争と戦争を多発させていった。国家の原理が絶対的武力行使につながることで、様々な政権奪取と軍事紛争を生み出していった。しかも、軍事産業とその終焉の産業をそれぞれの国で育てるより、武器輸入に頼る政権奪取であった。悲劇は極端で過度なものになっていった。

戦争が蔓延する時代、その根を源から断ち切る可能性も生まれている。ただ、世界はその方向に向いていない。われわれはその方向に目を向けることができるし、ひとびとがその方向を見つめるように語り掛けてゆきたいと思う。

【基本概念】

世界軍事機構はグローバル市民社会の登場に基礎を置く。もはや、一国の利益ではなく、世界共通の利益を前提とする。出発点は「国家概念の相対化・部分否定」である。国家を作る法律は憲法であるが、その憲法を相対化するということが必要となる。国家の側からすると、国家が戦争を放棄することが必要となる。戦争の放棄と自国の安全保障ということが世界軍事機構のよりどころとなる。

① 世界軍事機構は、国家を構成員としてはならない。国家を超えた組織でなければならない。国家は戦争の主体となることが近代以降の歴史的事実であったのだから。

② 世界軍事機構は、地球上から武力を排除する。軍備はすべて世界軍事機構に集約されることになる。

③ 核兵器は国家の手を離れ、世界軍事機構が管理する。

④ 世界軍事機構は、すべての紛争の調停を行い、その決定は強制力を持つ。

⑤ テロ、宇宙空間の軍事装備、サイバー攻撃などに対し、世界軍事機構は唯一の対処機関となる。その敵を撲滅する。

⑥ 地球上のあらゆる武装を解除する。武力は、世界軍事機構にのみに委ねられる。

⑦ すべての兵器産業は世界軍事機構が管理する。

⑧ 世界軍事機構は、世界の警察を統括し、国家との協力において地球上の治安に当たる。

【国家を超えた世界的な軍事組織の必要性】

国連は、加盟国の拠出金が財政基盤であった。世界軍事機構は、各国からの拠出金に加えて、企業や個人のドーネーションを募り、ファンドをつくる。世界軍事機構ファンドがベースとなる。世界軍事機構債で補強する。世界中央銀行が設立されれば、世界中央銀行が資金を提供するということはＷＭＯファンド（Fund of World Military Organization）の安定になる。重要なことは、いかなる国家の意図からも独立していることである。むしろ国家の軍事性、権力性を剥奪することを使命とする。

世界軍事機構（World Military Organization）の存在と国家の同盟をベースにした国際組織は対立的な位置にある。むしろ国連やＮＡＴＯを解体し、世界軍事機構に組み入れることが必須条件と考えられる。世界軍事機構の創設では、国連とは違った組織を一から作らなければならないが、国連でできているものを編成替えし、組み込むことは有効だと考えられる。主体は国連ではなく、一から世界軍事機構の規約のもとに入れなければならない。国連規約は消滅する。国連で国家に基礎をおいている部分を国家から切り離し、文化的要素などを世界軍事機構からは排除する。共通言語は英語でいいし、その翻訳は各国が自国の言語に翻訳するのがいい。

3　世界軍事機構の見取り図

世界軍事機構は、概念で述べたような内容を実現するものとなる。世界軍事機構の規約を提示する前に、全体の見取り図を示しておこう。

世界軍事機構の組織の一つの案を示してたたき台としたい。世界軍事機構は、総会、事務局、軍、の三つの組織から構成される。事務組織と軍隊組織以外に、最重要事項を決定する機関が必要になる。「総会」で、世界軍事機構の規約の変更、加盟国の承認が行われる。また、世界軍事機構の基本方針を策定しなければならない。世界軍事機構の活動の基本計画は、総会の組織である「安全保障委員会」が行うものとする。基本方針は、規約に基づいて目的を達成するための年間計画と五年計画を作成する。事務局と軍事組織は、この年間計画と五年計画に基づいて、すべての世界軍事機構の活動が行われる。総会は国家の代表機関であってはならない。世界軍事機構の基盤はあくまでグローバル市民社会にある。総会は、当面、三つの構成要素から構成される。第一の要素は、国家的要素である。国家の代表者はその国家の政府の内部で決められてよい。その代表者は、国家利害とグローバル市民社会への視野を持つものでなければならない。第二の構成員は、世界軍事機構の事務局、世界軍から、派遣される。第三の構成員は、グローバル市民社会の中から選出される。

4　世界軍事機構の組織編制

(1)　総会

【総会の役割】

指導的根本問題を決定する機関である。その決定に基づいてすべての方針が決められる。したがって、その構成は、1．世界の主要国の出身者、2．世界情勢の情報を統括する人、3．企業代表、4．NPO代表、5．学識経験者などで構成されるのがいい。

【総会の構成員】

総会の構成員は、

1．世界の主要国の出身者

主要国政府の推薦者でいい。世界軍事機構加盟国から各機関に一名。期間を五年として、次の数回の期間は無しとなる。拠出金が少ない国は含めない。総定員で五十名ぐらいがいい。

2．世界情勢の情報を統括する人　五十名程度

3．企業代表　五十名程度

4．ＮＰＯ代表　五十名程度
5．学識経験者　五十名程度
合計二百五十名である。

【総会の特別委員会】
総会はいくつかの委員会を持つ。それは総会の決定機関である。

① 予算審査委員会：一つの機能として財務局の作成した予算案を検討し審査することが求められる。そのための委員会を総会内に組織する必要がある。この組織は同時に予算監査を行う必要がある。

② 安全保障委員会：世界の紛争やその解決の活動に際し、まず現状調査を行うのが、情報部局である。情報部局は毎年報告書を作成し、地域安全保障部局に提出する。地域安全部局は情報部局の調査と分析に基づいて、紛争解決策と活動内容を作成する。地方安全保障部局の報告書は、総会の安全保障委員会に提出され、そこで吟味され世界軍事機構の活動方針が作成される。その活動方針は、各部局へ提示され各部局はそれに基づいて行動予定を作成する。

また、安全保障委員会は、緊急の武力行使を決定することができ担当部局に指示を出すことができる。各国からの訴えに際し、武力行使の決定は、速やかに総会の安全保障委員会が下すものとする。安全保障が主目的であるので、基本的に平和維持の活動を中心として行われるべきである。その内容は、安全保障委員会と情報部局の合議で決定される。

③ 紛争解決委員会：情報部局の役割として紛争解決に関する調査がある。情報部局の紛争解決班は、紛争解決のための調査を行い、総会の紛争解決委員会に報告する。これには国家建設に関する調査とその判定も含まれる。

【総会執行委員会】

総会構成員の中から執行委員が選出される。

1．世界の主要国の出身者　十五名
2．世界情勢の情報を統括する人　十名
3．企業代表　十名
4．ＮＰＯ代表　十名
5．学識経験者　十名

合計五十五名である。

執行委員中から、役割に応じて、次のようなものが選出される。
事務長一名　任期三年間の運営理念を作成、その方針に従って運営を支持する。
副理事長二名　事務長の補佐を行う。任期三年。
常任理事五名（任期六年）、非常任理事十名（任期三年）　重要事項の合議を行う。加盟国、あるいは各国への忠告を作成する。

各国代表ではなく、独自に選ばれる。すべての執行役員は違う国から選出される。任期終了の後は、同じ国から引き続き役員は出さない。

総会は世界軍事機構の方向性を決める最も重要な機関であるので、総会のメンバーの選出は重要課題である。世界軍事機構への拠出者の中から選ばれる。世界軍事機構ファンドへの寄贈者の中から選挙で選ばれてもよい。

寄贈者は企業が、五百億円の出資、十年返済、利子はない。個人は、一、〇〇〇万円の出資とする。NPOなどの社会団体は、一千万円の出資とする。二年ごとに新しい参与者の募集を行う。返済が終了した時点で、参与者は参与としての役割から退くこととする。

表に示したので参照してほしい。

表　世界軍事機構の事務組織構成

世界軍事機構ファンドの参与（寄贈者）

	参与の人数	任　期	拠出金
国家推薦	加盟国から１名ずつ	３年	GDP の 0.5%
情報機関	各機関から１名	10 年	1,000 万円
企業代表	各企業から１名	10 年	500 億円
NPO 代表	各機関から１名	10 年	1,000 万円
学識経験者	合計 200 名	10 年	1,000 万円
個人有志	合計 200 名	10 年	1,000 万円

＊総会メンバーの選挙権を持つ。
＊拠出金は、国家のもの以外は 10 年で返金される。

総会メンバー

	人　数	任　期
国家推薦	50 名	５年
情報機関	50 名	５年
企業代表	50 名	５年
NPO 代表	50 名	５年
学識経験者	50 名	５年

＊総会執行委員会はメンバーの中から選出される。

総会執行委員会

	人　数	任　期
国家推薦	15 名	３年
情報機関	10 名	３年
企業代表	10 名	３年
NPO 代表	10 名	３年
学識経験者	10 名	３年

総会役員
会長　　　　１名（任期３年）
副会長　　　２名（任期３年）
常任理事　　５名（任期６年）
非常任理事　10 名（任期３年）

国家は国内統治機関になるので、外交的機能は不要になる。経済的条約が外交の中身となり、領土問題・民族問題などは、世界軍事機構の裁定にゆだねられることになる。各国政府から世界軍事機構への提訴にたいして、世界軍事機構は速やかな調査と裁定を下さなければならない。通常一年以内に裁定が下されるべきである。特別の事情のある時は、一年以内に暫定的措置を講じたうえで、二年以内に裁定が下される必要がある。

【世界軍事機構の公用語】

国連は、Ｐ５の五つの言語を公用語とし、それ以外のたくさんの言語を尊重した。巨大な無駄が生まれている。言語の尊重は、国家の側にゆだねるべきである。世界軍事機構は、英語を共通言語にすればいい。

膨大な翻訳の費用は避けるべきである。言語スタッフは特殊な目的のためにのみ行われるべきで、言語的平等は不必要である。世界軍事機構は戦争を無くす活動とそれに付随する業務を行えばいいので、過度の文化的対応は不要である。したがって、公用語は英語のみでいい。世界の現在の言語状況からするとき、言語の優劣や公用語の主張や言語政策の国際化は、排除させるべきである。言語使用の帝国主義競争は、他方での言語使用の平等という観念と対抗しながら、主張される。表裏の関係になる。言語は各国の市民社会の問題とすべきであり、言語平等主義は世界機構の活動に関与すべきではない。世界軍事機構はすべての活動を英語のみで対処すべきである。

(2)　事務局

【各部局】

事務局には次のような部局が必要となる。世界平和を実現するという目的のためにすべてが編成される。

1. 財務部局
2. 兵器産業管理部局
3. 警察統括部局
4. 原子力管理部局
5. 地域安全保全部局
6. 海洋安全保障部局
7. サイバー管理部局
8. 宇宙空間管理部局
9. 情報局

10. 人事部局

世界軍事機構の任務は、武器廃絶、兵器管理、紛争処理、戦争の防止などであるので、各部局が、これらのことをそれぞれの分野で遂行することになる。

1　財務部局

世界軍事機構の使命は、①すべての加盟国の防衛と②すべての軍事力を世界軍事機構のもとに集約すること、そして③その後の世界の平和を維持することの三つである。そのための予算は、権力を集中させないためには、期間を短めの三年での計画で作成するのが適切であると思われる。

世界軍事機構は、各国の軍事費の負担をゼロにする。最初からすべての国が加盟国になることはないと思われるので、世界軍事機構の予算の総額は、年間七十兆円ぐらいが必要なのではないだろうか。しかし、主要な敵国がどれだけ消滅するかということでその予算は、大幅に削減される。当初の予算は世界軍事機構規約を批准する国の中身に依存するが、主要国から二十か国程度が批准すると想定して、七十兆円ほどである。

この想定から組織化を始めよう。
では、この資金をどのように捻出するのか。次の三つの財源が考えられる。
1. 加盟各国の分担金　ＧＤＰの〇・五％
2. 企業からの拠出
3. 個人とＮＰＯ・平和団体の拠出
それ以外に次の二つの組織からの拠出が考えられる。
① プライベート・エクイティファンドや投資銀行からの拠出である。条件次第で可能なのではないだろうか。
② 各国の中央銀行からの借り入れ、及び、将来、世界中央銀行が創設されると、世界軍事機構と世界中央銀行との関連は緊密なものと考えられる。

年間予算　組織維持活動調査費
臨時予算　軍隊出動
常 備 軍　参加各国は拠出する義務を負う。
兵器管理　すべての国の兵器を管理する必要がある。軍需産業への発注は、世界軍事機構で統括されなければならない。

加盟国の警察活動のための費用　加盟国の警察活動は、各国と世界軍事機構の協力の下で行われる。とくに治安維持に関しては、世界軍事機構の警察部が関与すべきである。

1．参加各国の分担金

世界軍事機構の構成員は国家であってはならないということが出発点であるので、国家の分担金は拠出するが、各国は安全保障を世界軍事機構にゆだねるだけで、参加は想定されない。ここでいう分担金はその国の国民・国富が負担する方がいい。国家はその徴収を代行するだけの方が国民の世界軍事機構への帰属意識につながる。それぞれの国のＧＤＰの〇・五％を一律に徴収すると想定しておこう。その時、日本からの拠出は、二・五兆円程度になる。世界では、五十兆円程度以上の徴収が見込める。

2．企業の参与金

一社あたりの参与金を五百億円としよう。国家はその企業の拠出金を非課税とする。加えて、拠出金の同額の収益に対する追加的な非課税を行うということも一つの案として有効ではないだろうか。五百億円の拠出の場合、一千億円の非課税枠を持つことになる。日本の大企業は二千社余りであるが、その三〇％あまりが黒字である。六百社ほどの中から一〇％の六十社の参加が見込めるとして、日本の企業からの拠出が、三兆円になる。

拠出金は貸付金として、無利子の貸し付けで、十年償還で、年間で五十億の返済を行う。そして拠出した企業は、一名の世界軍事機構の総会参与となり、世界軍事機構の運営への協力ができる。

このように資金を提供した企業は、参与企業として、総会参与以外に、事務局への出向を行うことができるようにする。五名の出向枠を設定しよう。六百社の参与会社の場合、三千名の事務局員が確保される。給与は、世界軍事機構が支払う。会社の負担とはならない。

資金提供会社は、十年間の社員派遣を行う。貸付を行った参与会社は参与金の返済がなされる十年間で返還が完了し、その時点で、企業は参与から外れる。二年ごとに参与会社を加えることで新陳代謝を促すのがいい。このような活動を通じて人類に寄与できると同時に参与会社は広いネットワークを築くことが期待できる。

3．個人とＮＰＯ・平和団体の参与

個人及び学識経験者の参与は、一千万円として試算しよう。十年で全額返金である。全額、所得税減税の対象とする。国別割り当てでの応募を、ＧＤＰ比率で人数を決める。日本のようにGDPが約五百兆円の場合一万人とする。五百億円ごとに一人の割合である。労働人口六千万人のうち、二％を高額所得層とすると、百二十万人になる。そのうち一％の人が世界軍事機構に関心を持つとすると、一万二千人になる。一万人が一千万円貸し付けると、総額は一千億円になる。ただ、金額より世界軍事機構が個人の意思に基づくということが重要で、裕福でない人が集まって百人で一千万を拠出するといった運動が大きな意味を持つものである。一人十万である。この拠出金は貸付であるので、確実に返還される。

NPO・平和団体の参与は、一千万としよう。日本で一千団体程度見込めるのではないだろうか。その場合、日本で百億円程度なので、寄与の度合いは低い。ただ、事務局員を一団体につき一名として、一千名見込める。この人たちが、関与する意義は大きい。

設立当初で十分な予算を持っていることは、必須なので慎重に検討・調査が必要となる。また、各国の中央銀行、世界中央銀行からの貸付枠を保障することで財政的基盤を確実なものにすることができるし、そして資金の柔軟性を確保することができる。

2　兵器産業管理部局

兵器を無くすことが、地球上から戦争を無くすことに直接つながる。戦争廃絶のかなめと言ってよい。戦争の主体は、国家であったが国家から軍事力を剥奪し、そして各国の兵器産業をすべて世界軍事機構の管轄下に置くということが世界軍事機構の大きな役割である。世界軍事機構の加盟国では、世界軍事機構の管轄下にない兵器製造会社は、重大な犯罪行為とみなされ、即座に工場は閉鎖されなければならない。そして、すべての兵器産業は世界軍事機構の管轄下に入れられることになる。世界軍事機構の認可を得ない兵器産業の経営者・従業員は、国際裁判所で裁かれ、各国の刑務所に引き渡される。加盟国は、加盟に際し国内法をこのような規定に適合するように作り替えなければならない。

兵器産業管理部局には、次の部署が設けられる。

1．産業監督指導部
2．発注・納入部
3．監視査察部　密輸・無許可生産の摘発を行う。

世界軍の管轄とする。世界軍への販売のみを可能とする。

3　警察統括部局

近代市民社会は、武力と権力を排除し、それを国家に集中させた。市民社会は交換を取得の方法としていることでできている社会なので、話し合いで解決する個人の集まりであって、暴力は否定される。権力・武力は否定的なものとなっている。市民社会は国内の安全と海外からの暴力的な侵略に対して自国を守る必要があるところから、警察と軍隊が作られた。軍隊は防衛を超えて海外進出を常とするという本性がある。警察のほうは、治安維持のための機関として機能した。犯罪を排除するという役割を担う。

世界軍事機構が組織される中で国家の武力的機能はなくなるが警察機能は国家の機能として存続する。国家のこの機能が不十分な時、世界軍事機構が国家を補助することになる。警察の主体はあくまで国家である。また、テロや国際的犯罪に対しては、世界軍事機構は警察機能の補助強化という役割を担うことになる。

警察機能は国家が保有する。世界軍事機構は各国との連携で警察機能を補強する役割を持つ。ただ、国際的な連携は、犯罪がグローバル化する中で必須である。海上保安などの国家間にかかわるような場面では、共同の作業は有効である。

4　原子力管理部局

核は第二次世界大戦後、武器の主力となってきた。国際連合は核の管理に力を注ぎつつも、成功しない。核拡散防止ということがそもそも核保有の肯定から出発しているのだから、非保有国は核を保有し軍事的力を大きくしようとする。一九六八年核拡散防止条約で、核はＰ５のみが保有できるということと決めた。現実には、Ｐ５以外に、インド、パキスタン、イラン、など多くの国が保有している。Ｐ５はもともとソビエト連邦が入っていたが、それをロシア共和国が受け継いだ時、ウクライナなどの旧ソビエト連邦内の国が、核を持つという状況が生まれた。

リビアと南アフリカは核を保有したが、アメリカ軍の脅威からリビアは核を放棄した。また、南アフリカはアンゴラなどの周辺諸国との緊張のため核保有国となったが、敵対国との緊張関係がなくなったことでは核の保有を廃棄した。ＩＡＥＡは核保有の査察を行う機関であるが、そもそも核の脅威を国際連合は解決することはない。核の使用の危険性・人類の絶滅の危機は存続し続けることになる。

今の状況から核を廃棄する方向にかじを切る必要がある。核の廃絶は人類存続のための必要条件である。世界軍事機構の創設は核廃棄をもたらす。世界軍事機構の創設と同時に、核廃棄への道程に入ることになる。まず、核をすべての国家から世界軍事機構に移す必要がある。完全に移行した後には、段階的に核兵器の廃棄の過程に入る。核兵器は人類には不要であるばかりではなく、人類と多くの生命を絶滅に至らせる危険が潜伏している。

核兵器と併せて、原子力の「平和利用」原子力発電も民間の自由や国家の政策に任せてはならない。原子力技術を国や民間が持つことは核兵器開発につながる危険性がある。そして、そもそも原子力の危険性は許されるべきものではない。原子力発電、原子力利用は、違法にする世界市民法が必要である。

5　地域安全保障部局

世界の安全を軍事的に配置する。地域安全保障部局は、軍を指揮する事務局である。すべての軍はここに統括される。いわば、世界軍の参謀本部と言ってよい。陸と海と空のすべての領域を軍事的に保全する。

現在のアメリカ軍が世界中を覆う配備を行っているのに代わって、世界軍事機構が世界の安全を保障し、世界の平和を維持する活動をしなければならない。そのためには、この地域安全保障部局が中心的な役割を持ち世界軍を統括することになる。外交課題は、次のものがある。

二十世紀は戦争の世紀であった。その反省から、国際連合が生まれ、EUが生まれた。しかし、国際連合 the United Nations は「連合軍 the United Nations」といっていい。国際連合憲章の前文で、「我々連合国の人民は、…国際の平和と安全を維持するために我々の力を合わせ…」とある。平和は集団的自衛によって維持しようとするものである。言い換えれば国連は軍事同盟の枠の中にある。

国連は、第二次世界大戦での連合国がそのまま戦後の世界体制を作ったものである。その思想原理は民主主義であるので、資本主義体制に即応したものであった。しかし同時に、戦後の世界資本主義はアメリカの体制でもあった。従ってアメリカの絶対的覇権が終わるとき、矛盾が露呈する。

現代の戦争の可能性は、すでに第四章の第一節でみたとおりである。この危険性の認識の吟味は、情報部局が調査し、この部局に報告書を提出し、この部局がその対応策の原案を作り、行動計画の原案を作成する。その原案を総会の安全保障委員会が行動計画の決定を行う。

流れは次のようになる。
〈情報部局 ⇓ 地域安全保障部局 ⇓ 総会　安全保障委員会 ⇓ 各部局への行動提示〉

6　海洋安全保障部局

海上保安を担当する。海軍力を保有する。世界の海の安全保障を受け持つ。

7　サイバー管理部局

近年、サイバー攻撃に対する脅威は大きくなっている。軍事行動に欠かせない。また、それは、民間の犯罪と一体になっている。この部局は、民間のサイバー犯罪も同時に取り締まるのがいい。世界軍事機構が消滅した後でも、この部局は存続することになると考えられる。

原子力管理部局、サイバー管理部局は、軍事力以外のものを含んでいる。これは、別枠にするのがいい。原子力発電の廃棄とサイバー犯罪対策である。この二つは、各国にゆだねることも可能であるが、国境を超える広域の活動であるので、特別部局を併設して、特別規約に基づいて実施する必要がある。戦争の終結ということをあくまで世界軍事機構の成立目的として限定しておいた方が、余計な議論に煩わされない。

8　宇宙空間管理部局

昨今、宇宙戦争が話題になっている。トランプ大統領は宇宙戦争に乗り出すと宣言している。中国やロシアも戦争の場を宇宙に広げようとしている。世界軍事機構はこのような戦争行為に対処する必要がある。

9　情報部局

情報部局は、アメリカのＣＩＡをはじめ加盟各国の情報機関を、世界軍事機構の情報局に移管させることによって成立する。これまでこれらの情報局は国家のためにあった。各国の政権の意図が反映する活動を行っていた。世界軍事機構情報部局に移行することで目的が変化する。世界の平和と加盟国の安全保障が目的となる。

10　人事部局

人事部局の編成は、加盟各国の外務省と軍から移行する職員と兵士が雇用される。加盟国からの移籍人数が全職員に占める割合を、仮に八〇％としておこう。移行に伴う多くの失業者は、各国が支援政策を行う必要がある。彼らは優秀な人材なので、様々な産業分野で活躍できるはずである。では、世界軍事機構は残りの二〇％に関して、どのような職員が必要なのか。

① 世界軍事機構の指導的な立場の専属スタッフ

② 各部局の指導的立場に立つ職員がそれにあたる。

総会の専従スタッフも必要である。各職員の任期は五年から十年にすべきである。退職後、ほかの活動に経験を生かすべきである。そのことで世界軍事機構の公開性も保つことができる。

人材確保は、総会の参与から一定人数を求めるのがいいのではないだろうか。すべての採用は、採用試験を経る必要がある。公平性が重要である。試験はすべて、英語で行われる。

【人材】

世界軍事機構の職員と兵士の配分を考察しておこう。

職員は、

1. 外務省や防衛省からの転向
2. 各国軍からの転職
3. 国連・NATO・CIA・EUなどの国際機関からの転職
4. 新しい募集による新規採用

職員の任期は、一年間のインターンの後、五年から最長十年とする。採用には、試験を伴う。

(3)　世界軍

【世界軍の組織図】

世界軍事機構は、武力組織としては、世界軍と世界警察を持つ。世界軍は、地上から戦争を消滅させることを目的とする。

世界軍の編成は、各部局に配備される。各部局が行動計画を作成し、世界軍が機能する。

世界軍の中枢に、地域安全保障軍がある。地域安全保障軍は、①北米軍、②南米軍、③東アジア軍、④太平洋オセアニア軍、⑤南アジア軍、⑥中東軍、⑦ユーラシア軍、⑧アフリカ軍、

⑨ヨーロッパ軍の九つの軍隊よりなる。

世界軍は、地域安全保障軍以外に、海洋安全保障軍を持つ。

(4)　世界軍事機構大学

【WMO大学の創設】

人事部は、世界軍事機構に必要な人材を教育する場として、WMO大学を併設する必要がある。WMOを支える人々が必要である。そのための教育が必要である。

自衛隊の参謀、幕僚長、アメリカ軍の参謀総長などが、国家を離れ軍事機構に所属転換されなければならない。その時、国家という枠組みからグローバル市民社会という枠組みへの視野の転換が必要になる。世界情勢、世界の各国事情、世界の新憲法、国際法の再確認、世界の軍事産業の概略、などの知識も再度学習する必要が出てくるだろう。言語は英語に統一して効率化するのがいい。世界中の国の言語を導入する不効率を避けよう。

「敵は何か」に関する学習も必要になる。

軍事技術の学習と併せて、軍備を廃棄する方法への施策もしなければならない。その条件の研究も不可欠である。

第一にすべての転職者は、一年程度、ＷＭＯ大学において、学習する必要がある。国家中心の考えから、地球中心の考えへの学習が必要である。それは国際情勢と歴史哲学の学習は必須である。次に、その他の技能の基礎からの再学習を行うものとする。そして第三に、必要に応じては、英語などの再学習などが必要であると思われる。

【ＷＭＯ大学の運営方針】

ＷＭＯ大学は世界軍事機構で必ずしも行う必要はない。独立して創設してもよいが世界軍事機構との特別な関係を持つことが必要である。上級職員、専従職員は、一般登用試験による採用によるが、この大学の卒業生の中から多く登用されることになる。次の三つの教育分野から構成される。

1. 教養分野
2. 関連基礎学問分野
3. 専門分野

これら三つの分野は、すべての学生に必須である。一つの目安として単位を考えると、次のようになる。

1. 教養分野　　三十単位
2. 関連基礎学問分野　　六十単位
3. 専門分野　　百単位

一単位は、約十時間の授業、実習の場合二十時間とする。

専門は、世界軍事機構の活動に必要な専門的知識からなる。

5　世界軍事機構規約　案

世界軍事機構の概念と見取り図に基づいて、規約案を考えてみよう。多くの人々の意見で修正が必要となることは想定されることであるが、まずたたき台を示しておきたい。第一歩である。

世界軍事機構は、国家の原理を超えたところに成立しなければならない。国際連合の欠陥は国家が国際連合の構成メンバーであったところにある。国連では、安全保障理事会も総会も、各国の代表が意見を述べ合い、国連の方針を決めてゆく。ということは、国家の意向、そして各国政府の政策がそこに反映する。常任理事国は国連の主な勢力となる。拒否権が発動されて、事態が進まなくなる。

世界軍事機構は、国家に依存しないので、機構規約によって組織化され、運営される。世界軍事機構は、各国の市民社会や国家に依拠するのではなく、グローバル市民社会に依拠する。グローバル市民社会の構成要素は、個人、企業、市民団体などである。これらはいずれも、非武装機関、非権力機関であるので、法に依拠して存立している。

国家との決別ということが決定的に重要事項となる。そのためには、世界軍事機構は第一に、世界憲法を持ったほうがいい。第二に、国家の拠出金によって運営されるのではなく、世界軍事機構のファンドを作る必要がある。それには、GDPに応じた参加国からの出資、企業からの拠出金、個人の参与金などをファンドに集積することが必要になる。別に議論する予定の世界中央銀行が創設されれば、そこからの拠出ということが期待できる。第三に、組織の運営規定が明確にされる必要がある。その基底にのっとって組織が機能しなければならない。目的は地球の安全保障である。

(1)　世界軍事機構規約案の原則

世界軍事機構の目的は、戦争を地上から一掃することである。すべての兵器をすべての国家が放棄することにより、平和な世界を実現する。国家の利害から離れた組織であるので、紛争解決に利害を持ち込むことはない。

この規約は私案であるので、有識者、専門家による改訂が必要である。準備委員会の活動の中で有識者の委員会が作ることを目指したい。その委員会の協力で改訂して規約を完成したい。

以下、私案である。

第一項　軍事力の移転

世界軍事機構の加盟国は、自国の軍を世界軍事機構に移譲する。

1．兵器

2．兵士

3．軍事的外交的事務局

を世界軍事機構に移譲する。移譲する必要のない過剰分に関しては、国内で新たな分野での就業対策を各国は行わなければならない。必要な兵器、兵士、事務局の量と内容は世界軍事機構が決定する。

第二項　軍事産業

各国は自国の軍事産業のリストを作成し、世界軍事機構に引き渡す。リストにはこれまでの取引の概要、技術的特性、技術者・研究所の状況などを含める。必要な軍事産業の量と内容は世界軍事機構が決定する。

第三項　外交

国境問題、利害対立などの外交課題は、自国の意見書を世界軍事機構に提出し、仲介裁定を世界軍事機構に委ねる。

軍事を伴わない外交交渉はそのまま自国で継続する。経済協定などが中心になる。

世界軍事機構が紛争の裁定を下すものとする。

第四項　警察

世界軍事機構は警察部局を持ち、国際犯罪と各国の警察の指導・調整・支援を行う。国際的犯罪は、世界軍事機構警察局が、各国警察と協力して捜査を行う。各国警察は、国内に軍事的行動の危惧があるときは、世界軍事機構に連絡し、世界軍事機構が対処する。世界軍事機構は武力を平和と安全の維持のために行使することができる。武力行使の決定は、速やかに総会の安全保障委員会が下すものとする。

第五項　防衛

世界軍事機構は、軍隊を世界中に展開し、加盟国の安全を保障する。世界軍事機構は軍事同盟ではない。その点で、国際連合は軍事同盟であるので、戦争することを前提とするが、世界軍事機構は戦争を否定することを前提とする。加盟各国は軍隊と武力を放棄しているので、自国の防衛を完全に世界軍事機構に委ねる。世界軍事機構規約を批准した国はグローバル市民社会の一員とみなされ、世界軍事機構はそれを保護する任務を負う。世界軍事機構は、国連が「連合国の人民を守る」という規定から出発していることと根本的に違ったコンセプトから出発したものである。

第六項　憲法

批准各国は、自国の憲法を改正する必要がある場合が多い。戦争放棄、軍備の放棄などを規定した憲法改正が必要になる。もちろん憲法は、各国の主権にゆだねられるが、世界の国々が世界軍事機構への加盟を実現することが、世界政治機構の成功、地上から戦争を無くすことにつながるのだから、世界の国々の憲法改正は世界的な動きとなる必然性がある。

第七項　市民法

現在の世界は、国家の下での法を第一前提とし、それを補う形で国際法が存在する。それ以外にグローバル市民社会の法が必要になってくる。現在は、国際私法が対応している。国際私法はどの国の法律を適用するかということを決める法である。各国の法律が、「実質法」である。適用されることとなった国の法律が「準拠法」となる。本人たちの状況に応じて再密接関連法が準拠法になるということが一つの方法である。グローバル市民法が形成されるようになっていくとき、国際私法は消滅してゆくことになる。

経済活動はグローバルになっているが、法がグローバルになっていないのが今の世界の状況である。グローバル市民社会の形成こそが世界軍事機構の礎だからである。市民法の領域では、グローバル市民法の作成と適用が検討されることは自然の流れとなる。当面市民法は各国の文化的要素と市民社会の一般的ルールの二重構造を持つということが現実的である。

第八項　組織

世界軍事機構は、①総会、②事務局、③軍部の三者から構成される。

第九項　総会

総会は、世界軍事機構規約の改定、加盟国の認定、などの重要事項に関与する。

総会は二つの委員会を持つ。

①　予算審査委員会　一つの機能として財務局の作成した予算案を検討し審査する。この組織は同時に予算監査を行う。

②　安全保障委員会　世界軍事機構の活動方針が最終的にここで決定される。安全保障委員会が決定した活動方針に従って、各部局と世界軍が行動する。ただ、各部局が違った意見を持つとき、安全保障委員会と協議し、必要な場合は修正することができる。

安全保障委員会が作成した基本方針に基づいて、各事務局と各軍事組織の局長と司令官は、十月末日までに来年度の活動方針に関する原案を総会企画委員会に提出し、必要な場合は調整と意見交換、修正が行われる。

加盟国からの訴えに際し、安全保障委員会は武力行使の決定を下すことができる。安全保障委員会は情報部局と地方安全保全部局との合議を持ち、世界軍事機構の活動方針を決定する。

第十項　事務局

事務局は、次の十の部局より構成される。世界軍事機構の活動は事務局が担う。軍部は事務局の決定に従って活動を行う。

1．財務部局

2．兵器産業管理部局

3. 警察統括部局
4. 原子力管理部局
5. 地域安全保障部局
6. 海洋安全保障部局
7. サイバー管理部局
8. 宇宙空間管理部局
9. 情報部局
10. 人事部局

世界の紛争やその解決の活動に際し、まず現状調査を行うのが、情報部局である。情報部局は毎年報告書を作成し、地域安全保障部局に提出する。地域安全部局は情報部局の調査と分析に基づいて、紛争解決策と活動内容を作成する。地方安全保障部局の報告書は、総会の安全保障委員会に提出され活動方針が決定される。安全保障委員会がすべての部局に方針を通達する。

第十一項　軍部

軍部は、地域安全保全部局のもと地域部隊、海洋安全保障部局のもとに海上部隊、サイバー管理部局のもとにサイバー部隊、宇宙空間管理部局のもとに宇宙空間部隊を持つ。

軍部の使命は、世界の安全保障を実施することである。

世界軍の編成は、(2)世界軍で述べた。世界各国の軍隊が組みこまれることになる。

第十二項　世界軍事機構の役割と紛争解決の方法

紛争解決はこの項目の原則に基づいて実施される。

① 紛争当事国が解決の案を提示する。

② 世界軍事機構が現状査察を行う。

③ 世界軍事機構が解決案を作成する。利害対立がある場合、中立的かつ利害折半もしくは共有を原則とする。

④ 当事各国に案を提示し、了解を得る。紛争当事国が同意できない場合は、意見書を提出し、同意できない理由を明確にする。この手続きは、三回の意見書提出まで認められるが、三度目のものを最終とし、その後の世界軍事機構による決定には、各国は従わなければならない。従わない場合は、世界軍事機構による武力的措置が取られる。

利害関係国に非加盟国が含まれる場合、手続きは同様に行われるが、④の武力的措置は取るか取らないかは総会の安全保障委員会において決定される。ただし、戦争はいかなる場合も極力避けなければならない。

第十三項　非加盟国

世界軍事機構の非加盟国に対しては、加盟のための働きかけを行う。非加盟国の軍事力の使用に関しては、加盟国の安全保障を行うという原則で行動をとる。加盟国による経済封鎖をはじめ、あらゆる方法が非加盟国の武装放棄のために実施されなければならない。

第十四項　同盟

国際連合、ＮＡＴＯも含め、すべての軍事同盟は廃棄されなければならない。世界軍事機構の加盟国は、軍事同盟に入る必要はないし、これまで締結していた軍事同盟は廃棄されなければならない。

第十五項　武器製造の禁止

武器製造は禁止される。武器の製造販売は、世界軍事機構加盟国においては、認められない。したがって国家による武器の発注も禁止される。警察への武器の発注は、国家は世界軍事機構に要請・発注しなければならない。武器製造は、世界軍事機構の管轄下に入る。

第十六項　武器輸出の禁止

武器の輸出・売買の仲介は重大な犯罪行為とみなされる。

以上は一つの世界軍事機構の規約案である。専門家の協議によって完成させていく必要がある。その上で、世界軍事機構の創設に向けた世界の動きを作っていければと思います。規約があってそれを批准するためには各国の憲法から改訂してゆくことが必要な場合が多いと思われる。

(2)　紛争解決の方法

世界軍事機構の構築には、国連軍を世界軍事機構に改編し、組織の基礎を作ることが有効である。そのための第一段階は、世界の紛争の処理方法を新たな枠組みで見出すことである。紛争が可決されて初めて世界軍事機構への加盟が可能になる。領土問題の紛争は絶えず武力を行使するか、武力行使の可能性を背景にするかして行われてきた。

領土問題の紛争解決には二つの道がある。一つは、当事国に共有して法施行・行政施行を共同で行う内容の協定を結ぶことである。もう一つの方法は、新たな境界線を設けることである。市民社会は、大きな力を持つと国境の意味は薄くなる。しかし、国家が利権を行使することが強く望まれていることがある。代表的な利権は、石油、石炭、レアメタル、メタンハイドレード、漁業権、木材などの資源に基づく利権である。

【国境問題】

南沙諸島の問題は、中国、台湾、ベトナム、フィリピン、マレーシア、ブルネイの六か国が領土を主張している。日本の周辺でも国境問題が頭を跨げている。尖閣諸島の問題、竹島問題、北方領土問題である。

解決方法としていわれることは

①　歴史の正統性（正統性が正当性の根拠となるという前提がある）を検討する。

②　実効支配

③　住民の帰属意識、住民投票

利害各国は自分たちの領有が歴史的正統性だと思い込みがちである。そこに歴史教育、国家による利益誘導の国民洗脳が入り込む。世界軍事機構が調整し解決する基本線を明示しておく必要がある。

世界軍事機構による利害調整の基本線は、利害を関係国で折半し、厳密な領土問題は棚上げにする、という原則がいいのではないだろうか。帰属の主張の解決はこのような妥協か戦争かしかない。これまで戦争に訴え、勝利国が実効支配するというのが、歴史的現実であった。国際法は、国家主権を原理としたうえでの調整でしかなく、それはヨーロッパの歴史の十七世紀から二十世紀中ごろまでの秩序維持の方法でしかない。今の世界のグローバル化という事実の中では、新しい原理が優先されなければならなくなる。

まず、各国が領土の主張の

1．理由

2．解決案

の二つを提示し、それを世界軍事機構の調停で、妥協点を見出すということが必要になる。

解決案には、案と一緒に要望を示す必要がある。利害を率直に主張するべきである。利害が明確でなく「取り敢えず領土にしておいて、将来にわたって自由に自国にできるようにしよう」というところに、帝国主義と植民地支配の論理があった。

しかし、ここで重要なことは、国家的主張の対立であり、世界軍事機構がそれを調整し、一様の解決を見るということである。国家が永遠であるということが薄くなりやがて消滅してゆくことが現在の歴史の必然である。このことも前提としてよい。したがって、当面の利害調整ができればよいし、三十年限定の解決としておいて、三十年後に事情が変化していれば再検討されることに問題はない。

現在の世界は国家間の紛争に取り囲まれている。世界の国々が対立している事項を検討し調整と解決の原則を世界軍事機構規約の中で明示しておく必要がある。紛争解決のための第一段階は、世界の紛争の処理方法を新たな枠組みで見出すことである。その方法を世界軍事機構規約として明確化する必要がある。紛争が可決されて初めて世界軍事機構への加盟が可能になる。

①国境問題の妥結の原則、②民族自決の願望を国家形成につなげる平和の方法の提示、③利害調整の原則、④宗教的和解と寛容の原則、⑤覇権主義的発想の自重と調整、などである。これらの事項の解決の原則が世界軍事機構の規約の中に明確にしておく必要がある。

その規約の原則は、次のような形になると考えられる。

【領土問題解決の原則】

第一に、領土問題の紛争解決方法である。領土問題の紛争は絶えず武力を行使するか、武力行使の可能性を背景にするかして行われてきた。世界軍事機構ができたときに、領土問題の解決の方法には、二つの道がある。一つは、当事国に共有して法施行・行政施行を共同で行う内容の協定を結ぶことである。もう一つの方法は、新たな境界線を設けることである。市民社会は、大きな力を持つと国境の意味は薄くなる。しかし、国家が利権を行使することが強く望まれていることがある。代表的な利権は、石油、石炭、レアメタル、メタンハイドレード、漁業権、木材などの資源に基づく利権である。利権は国家に限定せず、所有権を国際機関である世界軍事機構に帰属させるのが一つの方法である。

領土問題は、海洋においてはより不安定である。境界線が明確化しにくい。海に人は棲んでいない。魚が棲んでいる。国境や所有権は近代社会の産物であって、必ずあるものではない。海洋においては公海ということでいい部分も多い。それを領海にしようとするところに紛争が発生する。南沙諸島、尖閣列島は最たる例である。

かつて土地は、common land とか、入会地といった人々の共有という側面を持っていた。河川に所有権がないがごとく、海にも所有権がない。漁業権や利権に結び付いて権限を海に適用しようとするのが現状であり、それが国際紛争と戦争の原因に発展することになる。そのような所有権と領海の論理を、世界共通の土台に作り替え、共有の原則を確立するという作業に入るべきである。

【民族自決に基づく国家建設の方法】

第二に、民族自決ということはすでに時代の主要関心事ではなくなっている。しかし、チェチェンやチベット、クルドなど多くの地域で民族のための新しい国家を作りたいという希望は存在する。それを軍事的クーデターや、国家による抑え込みなど、軍事紛争の原因になっている。民族主義的要望は、世界軍事機構の規定では、軍事的・武力的手段によることは禁止されることになる。しかし、民族自決はその要望がある限り認められる必要がある。そのためには、まず、NPOによる臨時政府もしくは政府設立準備委員会を作るという平和な方法によらなければならない。

そのうえで、準備委員会は、国家の組織構成を示し、国家政策を立案しなければならない。その立案の中には国家ができたときのその国の憲法案を作成することも要件となる。そして次の段階で、その地域の住民のある程度の人数の賛同を得る。さらに、既存政治勢力がある場合、その勢力の意見を求めるための公開も必要である。

これらの三つの文書（国家組織案・政策案・憲法案）を世界軍事機構に提出し、独立の審査を受けることとなる。国家組織案と憲法案は、一つになることもありえる。

以上の行程の中で政府設立が可能と考えられると、世界軍事機構の総会で判定された場合、まず仮政府を作り、一年間の運営を行う。そのうえで、再度、世界軍事機構による調査で国家成立の可能性を判定する必要がある。否定的な判定となった場合は、世界軍事機構の委任統治を行うか、独立要請前の国家の帰属に戻るかということになる。

【世界軍事機構の国家間の利害調整原則】

第三の国家間の調整の原則は利害調整に関するものである。世界軍事機構規約では原則を確定する必要がある。紛争解決はその原則に基づき、世界軍事機構の情報部局の紛争解決班が調査を行い、総会の特別委員会である、「紛争解決委員会」に報告する。紛争解決委員会がその処理を審査し方策を決定する。

【安全保障に関して非加盟国への対応】

この規約は、第一に、世界軍事機構加盟国間のものであるが、その他の地域・非加盟国に関しても行動原則を提示しておく必要がある。また、加盟国と非加盟国間での利害対立もあり得るので、その調整の原則も検討しておかなければならない。

世界軍事機構は圧倒的な軍事力を持つのでその規約を非加盟国は裁定に従わざるを得ない側面はある。非加盟国がその裁定に違反する場合、世界軍事機構は裁定に関する最終決定を総会で行い、場合によっては軍事力を行使して強制することもあり得る。

利害調整の原則は、不条理な主張は世界軍事機構の情報部局の紛争解決班によって排除される。その上で、世界軍事機構の紛争解決委員会の裁定で、当事国の双方に利権を認めること、その地域の所有権を尊重すること、などの解決方法が提示されることになる。

【宗教的寛容の原則】

宗教的使命感から戦争を誘発することは過去の歴史に数多くみられるし、現在も進行中の紛争も宗教的使命感に関連しているものも多い。

イスラエルとイスラム圏のアラブの間での度重なる戦争は、世界軍事機構ができることで、根本的な解決が期待できる。宗教的寛容と共存が原則的に認められなくてはならない。武力が排除されることで、信仰は信仰として純化されるし、人々の精神は寛容を重視する市民社会的モラルが広がってゆくものと思える。

【覇権主義は国家的なものから経済的なものになる】

覇権主義は最大の戦争の危険性を含んでいる。世界戦争の可能性である。第四章で述べたところは現在の世界の脅威であった。中国、ロシア、アメリカといくつかのイスラム国に見られる脅威である。現在の覇権主義は将来の世界戦争の原因になりえるが、その時には人類の滅亡の道でしかない。しかし、世界軍事機構が実現するとき、覇権主義は軍事的な手段を取れなくなるので、覇権主義は一定の歯止めを持ち、やがて根拠を無くしてゆく。各国家は国内的な対策を中心にすることとなる。ただ、外交の中で、経済的活動や国家間の協定は残る。

6　憲法と国際法

【世界軍事機構の登場と加盟各国の憲法と国際法の改訂が必要となる】

各国の憲法と国際法は、戦争に関する事項を変更する必要がある。戦争する権利は国家主権の最重要事項で、憲法はすべて国家主権の出発点として戦争する権利を前提としている。日本国憲法だけが例外であるが、日本の憲法改正の動きの中で、戦争することを可能にしないと憲法としておかしいという見解も、存在してきた。アメリカの一九九八年の「イラク解放法」では、サダム・フセイン率いる体制を権力の座から引きずり降ろし、民主主義的政権を登場するのを促進すると規定されている。国際法上の違法な干渉である。これは明白に、イラクの主権を否定するアメリカの法律で、極端な内政干渉に当たる。アメリカが世界の警察として、国際的な行動に関してアメリカの国内法を適用しようという文脈になる。国内法を他国に適用しようという「域外適用」の規定である。

これは世界軍事機構の視野からすれば、二重に間違っている。一つはアメリカが国家でありながら軍事力を使って内政干渉するという間違い。もう一つは、国際法が戦争を前提として、国家主権を守ろうとしている間違いである。いま、私たちは、その意味で国際法を改正しなければならない。必要なことは、軍事力をどの国にも認めないということであり、国家主権をその点で否定することであるので、それを肯定する国内法も国際法も憲法も作り替えなければならないということになる。

国家主権のうちで、最も重要なものが宣戦布告をする権限であった。国家は市民社会に平和をもたらすために、国内の武力を否定しすべての武力を国家に集中することで生まれた。軍事力と警察力は、一方で社会を外国から守り、他方で国内の平穏を維持することを実現した。国家の第一の機能がそこにある。

憲法は、近代国家が成立するとき、市民と政府の間での社会契約として成立した。国家権力の武力的性格をいかに分散し、権力機構である国家を市民社会にとって安全なものにするかという点で、様々な原則が考えられた。法を基礎として社会を構成させるための近代自然法論的な国家論の原則である。市民の抵抗権、三権分立などが、その主なものであった。憲法は、市民社会と国家を接続する接着剤である。市民の権利を人権として保障し、国家組織をその前提の上に構築することが、憲法の使命である。そのためには最終手段として戦争をする権限を保障することは憲法の基本的役割であった。それは、十七世紀に成立した国民国家から帝国主義的な現代国家まで共通する事柄である。

二十世紀の二度の世界大戦は、国家主権を前提とする憲法の構造自体に対する疑問を投げかけるものであった。市民社会を守るはずの交戦権が、市民社会を戦場に置き換える。平和を国際社会で維持するための同盟が、戦争を拡大する作用を持ち世界戦争をもたらした。軍事同盟に依拠し、集団的自衛権を保持し、軍隊を保有することは、人類の破滅につながる戦争に帰結するということが、第二次世界大戦が人類に与えた教訓であった。しかも、その中で核兵器が使用されたということが、人類の滅亡につながるということを教えている。戦後の外交の中で、核兵器を、自国の存続に利用するということが外交の手段となるが、核抑止力ということを外交の手段にする、という政治論理は人類の破滅をいとわないということでもあるということを第二次世界大戦の教訓から学ばねばならない。

平和への願いと軍事同盟による安全保障という自己矛盾の上に戦後の体制が構築されている。軍事同盟である、国際連合、ＮＡＴＯ、ワルシャワ条約機構などが、集団的自衛権の上に安全保障を実現しようとうたってきた。錯誤であると言わざるを得ない。出発点が問題である。出発点は、「国家」であり、各国家の原理の上に構築されているものであるので、どこまで行っても戦争をするということが前提とならざるを得ない。国家主権の絶対性ということが譲歩されることが必要要件になって初めて、戦争廃棄への道が開かれる。

この道を歩もうとするとき、憲法そのものが改正されなければならない。すべての国家がそれぞれの憲法を「戦争を放棄する」という宣言を盛り込んだ憲法へ改正しなければならない。国家主権の意味がかわる。戦争条項が消滅する。

【近代国家の成立の経緯】

近代国民国家は、共和国として成立した。それは、一五八一年に独立宣言をしたオランダが最初であり、続いてピューリタン革命で絶対王政から共和国 common wealth へ舵を切ったイギリスであった。十七世紀は一六四八年のウエストファリア条約で国家主権の概念が国家というものの絶対性を確立し国家の時代がやってきた。十七世紀に国民国家と呼ばれるにふさわしい共和国 Republic は、オランダとイギリスの二か国しかなかったのである。あとの国々は、領邦国家と呼ばれるものと絶対王政の国家であり、市民社会はまだ育っていない。市民社会は部分的に要素でしかなかった。商品経済は国全体を覆うというより、その地域の一部の商業圏に限られていた。しかし、国家というものが人類の歴史の中心的な要素となってきていた。国家主権は、「帝国」を否定し、あるいは帝国も国家の位置に引き下げたといえる。

国家は何よりも、戦争できる存在であり、軍事力を集中すること、特に海軍を作ることで、国家＝軍事力という構図が出来上がってゆく。フリードリヒ二世も、ピーター大帝も、ルイ十四世も軍事力が国家であるということを自覚した絶対君主であったがゆえに、自国を発展させることができた。

今国家の役割の中からこの軍事力という要素を消去しようとするとき、国家の役割と意味が根本的に変化する。戦争を放棄したところに国家は成立し得ない。しかし第二次世界大戦の悲惨はいくつかの国に戦争放棄という方向を持った憲法を成立せしめた。日本はその代表であり、戦争放棄を憲法の中に取り入れた。フランス（一九四六年）、イタリア（一九四七年）、西ドイツ（一九四九年）、などの国々もそのような傾向を持つ憲法もしくは基本法を採択させる。それは、戦争放棄という国家が誕生したというより、国家の時代の終焉を意味する出来事ととらえた方が適切である。戦争を放棄して国家そのものを存立させることは根本矛盾なのである。ゆえに自衛隊という鵺（ぬえ）のような存在を生み出し、論争を繰り返させる。憲法が憲法でなくなり、国家が国家でなくなってくる時代に入ったという認識が妥当な事実認識ではないだろうか。戦争を行ってきたのは、十七世紀以降の近代という時代においては、主役は国家であったのである。

【憲法改正】

憲法改正が必要になってくる。世界軍事機構の創設で、国家の第一の役割が消滅するからである。戦争、軍隊などの規定が憲法から排除され、人権と国家組織が戦争や軍隊を抜きにして、存立するという改訂作業が必要になる。そのとき、戦争放棄、世界軍事機構への参加が明言された方がいい。

日本は世界の先駆けになる。日本はすでに「戦争放棄」を憲法九条で謳っているので、憲法を改正しなくても、世界軍事機構を批准することができる。世界軍事機構はそれを一歩でることなるが、国家の主権の部分的放棄によって、ある限定の中で法が有効となる。それは、世界軍事機構が統治する領域であり、軍事にかかわることに限られるというところから出発しなければならない。日本は自衛隊の放棄、世界軍事機構への自衛隊の移行ということが必要になってくる。

アメリカ合州国憲法は、基本的人権として武器の保有を認めている。武器が出回っていることを前提とした、規定である。武器を廃棄すれば、このような規定自体が不要となり意味を持たなくなる。武力を保持し続けたい国家が消滅するとき、世界軍事機構もその歴史的使命を成就し、縮小してゆく。

現代の世界は国家が基本単位として機能している。人権を保障するのは、国家であり国家を離れて人権は存在しない。世界人権宣言というのは一つの夢物語でしかなく、有効なものとはなっていない。誤解を生む存在でしかない。国際司法裁判所（ＩＣＪ）というのが国際的な裁判所としてあるが、あくまで紛争当事国の合意が必要である。したがって国際社会にはいまだあまねく通用する法というものが存在しないに等しい。

7　国家改造

【必要なことは何か】

日本は、日米安全保障条約が、防衛の核になっている。今の状況の中では、憲法九条の擁護は、現実の根拠を持たない。戦争放棄は、主権国家であるということと矛盾している。一国で戦争放棄をやるということに矛盾がある。同時に日米安保条約をその戦争放棄に入れているということにも矛盾がある。集団的自衛権、同盟は、防衛と平和を目指すが、現実は世界戦争を生み出す結果にしかならない。第一次世界大戦、第二次世界大戦を見れば明白であるし、それ以前の世界史を見ても、同盟関係は戦争の拡大をもたらしてきたことも明白である。同盟、集団的自衛権の本質は戦争の拡大に尽きるのである。

ＮＡＴＯや国際連合での集団的防衛の規定は、地球を破滅に導くものでしかない。大事なことは、軍事力・兵器を世界中から一掃することである。それは一国でできるものではなく、世界的組織が必要である。

国家は世界軍事機構に加盟することで、国家の安全保障は世界軍事機構とともにあることになる。外交の主要部分である領土問題や人事が絡む事柄は、世界軍事機構を通して行われる。軍事的関係が国家の手から離れると、経済的な外交のみが、国家独自の外交の役割となる。国際協力も国家の方針に沿って決定できるので、これまでと変わらない。

国家は永遠不滅なものという人々の観念がある。国連が平和のための機関であるという観念もある。これまでの観念から脱却することが第一に必要なことである。国単位の軍事ではなく、世界を視野に入れた軍事を考えることである。各国の防衛ではなく、世界軍事状況の中で国の安全を図ることである。

【国家は決して世界軍事機構を選択しない】

現在、国家を作っているものは、第一に安全保障である。そのために今ある体制を延長させようとする。国家は、軍事力を行使して領土を守り国民を守るものであると、国民の多くが考えている。その考え方が現状であり、そのもとですべての政治的活動がなされているので、国家が軍事力を放棄するということは政権に関与する人々にはほとんど考えられない。

世界軍事機構を創設するためには国家の理解が必要である。そのためには政権を交代させる必要がある。世界軍事機構を党の方針として取り入れる政治勢力が作られ、その政党や勢力が政権を握ることが必須ではないだろうか。この考えが広がり始めると政権内にも世界軍事機構準備委員会を創設したり、世界軍事機構に加入しようという政策を立てる勢力が台頭してくる。

ほとんどの国の国民の九九％の人々が、戦争を無くすことを望むはずだから、それに基づいた政権の構築は可能である。国家の政権を、戦争を無くすことを望む市民の集まった政権に移行させることで、世界軍事機構への道を開くことができる。

新しい政府を作るためには、国家の役割が根本から変わるので、国民は世界軍事機構をある程度、理解する必要がある。そして政権を作るためには、同時にその政権を建てる基本政策を示しておくことが必要である。しかし、差し当たって重要なことは、軍事産業の利益のための政権ではなく、世界平和を実現することを目標とした政権が現在の政権にとって代わるということである。この政権の基本方針としては、軍事産業と国家のきずなを断ち切り、政権が軍事産業を世界軍事機構の必要に応じて、活用するということになる。

ある国家がその軍隊を世界軍事機構に移すとすると、その国家の安全保障はどのように護られるのか、という不安が生じる。世界軍事機構ができるとき、この機構がどの国の軍事力もはるかに凌駕する圧倒的な軍事力を持っている必要がある。世界軍事機構への参加国の安全保障を世界軍事機構が完全に確保するということがまず必要な要件である。

我々に必要なことは、複雑な事態を捨象し、戦争廃絶の一点をみつめ、グローバル市民社会の形成という基礎的世界の動向を見据えることで、世界軍事機構への道に沿った今後の進路図を明示することである。

第六章　世界軍事機構創設への道

この章では、世界軍事機構を創設するためのステップを検討したい。世界軍事機構への道への要件は、国家および国際機関の軍事力の多くの割合を世界軍事機構に組み入れることも必要である。

第一段階としては、ＮＧＯの創設と、世界の市民の活動が必要である。ＮＧＯの組織化が必要である。

第二段階は、いくつかの国が集まって、世界軍事機構の創設への同意を取り付ける必要があり、それを推進する国が必要である。そのためには世界軍事機構創設を国の方針にする政権が必要となる。その様な目的を持った政権が世界の主要国の中で発生することが不可欠であると思われる。国家の条約への批准への道程である。

第三段階は、国家の軍隊放棄と世界軍事機構への参加の具体的内容を決定してゆくことである。

各段階を進めるにあたって、次のような点を考慮しておきたい。

① アメリカが一つのポイントである。アメリカが批准すれば、世界はなびく。反対する理由

がない。アメリカが参加する条件は、軍事産業の同意である。さらに、武器保有に関する条項などで、合衆国憲法の改正が必要となる。

②　ＥＵの参加でも、世界の潮流となりうる。ＥＵがアメリカに先立って参加する場合は、アメリカの説得は時間の問題になるはずである。

③　日本の政権において世界軍事機構案に賛同するマニフェストを持った政治勢力が政権の座に上り、政策に反映できるとき、日本は世界軍事機構創設へ向けた動きの拠点になりえる。

1　世界軍事機構準備委員会（世界平和機構準備委員会）

【世界軍事機構への第一ステップ】

第一ステップは、ＮＰＯを中心とした準備段階になる。世界軍事機構創設のための市民団体を構築し、政権奪取を目指す。どの国の現政権も、軍事機能と深く結びついているので、政権を交代させることなく、国家の軍事機能を世界軍事機構に移行させることは、不可能に思われる。もしそれが可能な国であれば、政権を移行させる必要はない。世界軍事機構を構成する主体は、その国の市民である。政権内の勢力ではなく、多くの一般市民が担う必要がある。戦争で犠牲になり、戦争に反対するのは市民＝国民だから戦争を無くそうとする市民は国民の大半を占めるはずである。

同時に、世界軍事機構の案と新しい政権のための政党の党綱領とマニフェストを作成する必要がある。それは未来に向けての基礎作業となる。この「ＮＰＯ世界軍事機構設立準備委員会」は、民主主義の根付いた国から始める必要があると考えられる。

市民中心の運動であるので、市民層が国の大半を占める国の方が可能性は高い。日本とアメリカとヨーロッパ先進国から始まるのではないだろうか。それ以外の国はそれぞれの国家制度の在り方の中での検討が必要となる。

世界軍事機構に向かう勢力の内訳は、①政府、②市民団体、③企業、④有識者、⑤個人が、考えられる。各国軍の移行に先立ちまず各部局の事務局と総会事務局が組織される必要がある。世界軍事機構の創設日程が確定する中で、加盟意志を持った国の軍隊の移行の準備が始められる。各国軍の世界軍事機構への参加の準備に先んじて、国連の総会が解体され、安全保障理事会が解体され、主な事務局が世界軍事機構に移行されるのが望ましい。

以上を整理すると

1．世界軍事機構、総会事務局、部局事務局の設立。

2．国連、ＮＡＴＯ、ＥＵの事務局の一部の組み込み。

３．各国軍の世界軍事機構への編成替え。
という順で進められる。

【ＥＵの職員】

ＥＵは、改革が必要である。すでにＥＵ官僚は一万五千人の優秀な人材がいる。ＥＵ官僚のうち二千八百人が翻訳に携わっている。人件費が翻訳にかかりすぎている。ＥＵは国家を廃止しているわけではない。各国が翻訳を自国で必要に応じて引き受ければいい。

ＥＵの閣僚理事会は、二千人の職員を抱えている。これらの職員の多くが世界軍事機構に移籍するということも考慮されるべきである。

【世界軍事機構準備委員会の任務】

世界軍事機構準備委員会の任務は次のようなものがある。

①　規約の原案を作成し、各国政府に打診する。
②　総会、事務局、世界軍、の原型を構築する。
③　財政のルールを策定し、資金協力を依頼する。そのための日程を作成し、財務部局を組織する。

④　各国家に協力を依頼する。

⑤　国連やＮＡＴＯなどの国際軍事関連組織と連携して、協力を依頼する。

⑥　世界中の協力ＮＧＯを組織化する。

⑦　各国の軍隊より、基礎部隊を募集する。

⑧　各国の警察に世界軍事機構の警察部との協力を依頼する。

２　政府の改造

第二のステップは、いくつかの国で政権を取ってからの段階である。政権を奪取できれば、その国が起点となって、軍事機構に参加する国を集める。ほかの国への働きかけをその国家の政府として行うことができる。同時に世界組織として、世界軍事機構準備委員会を組織する。

まず、そのための委員会を各国の政府内部に設置しなければならないが、それと連携する形で、世界軍事機構準備委員会を作る必要がある。世界軍事機構準備委員会は、当初、任意団体で作られる。国家の正式な機関として、各国の働きかけと世界軍事機構創設のためのあらゆる準備を任意団体の世界軍事機構準備委員会と協力して行わなければならない。

【世界軍事機構への道程の確認】

世界軍事機構創設への道程を確認しておこう。

〈世界軍事機構創設への道程〉

賛同する人々を結集する。

←政党を立ち上げる。

←政権を奪取する。

←世界軍事機構創設に賛同する国家を集める。

←世界軍事機構準備委員会を創設し、過渡期的条約を作成する。

←世界軍事機構を創設する。

←

世界軍事機構の基本組織を構築する。
↓
軍事力と軍需産業を世界軍事機構へ移行。
↓
ここから戦争廃絶＝世界平和に向けた活動を開始する。

【国家の変化】

世界軍事機構を前提とした政権ができるとき、国の外交政策は根本から変容することになる。これまでの外交、これまでの安全保障政策を一変しなければならない。世界の外交の枠組みを第二章でみてきた。冷戦以降のアメリカの外交戦略は、対ロシア、対中国、対イスラムなどが軍事費膨張をもたらしてきた。

軍需産業ロビーが政府の大きな構成勢力であるとき、世界軍事機構への道ははじめからありえない。地上から戦争を無くするという一点で、広い世論と市民社会の活動が必要である。政権を奪取することができれば、世界軍事機構の創設に向けて踏み出すことができる。

近代の戦争は、国家が主役である。国内の戦争は、様々な地域権力が国家の下で統一されることで消滅した。国家は国内の治安と平和を維持する役割を担った。しかし同時に国家は他の国家と戦争するという本質を持つ。イギリスとオランダの十七世紀全般を通じての戦争は、近代が国際戦争の幕開けであることを示している。海上覇権をめぐる戦争である。それ以後、国家は絶えず国際戦争と表裏のうちに存続してきた。

強い国家を作ることが近代のナショナリズムの帰結である。強い国家は市民社会の成長によって達成されるが、もう一つの方法がある。軍隊の力を強力にすることである。社会を整備するまでもなく、強い軍隊を持つことで強国になるということが、ロシア、プロシア、ドイツ、日本が列強に加わった時のやり方であった。

二〇〇一・九・一一のテロまで、戦争は国家対国家のものであった。基本的にテロも疑似国家といえるので、近代以降戦争を行ってきたのは国家であると言える。その国家から軍事組織を排除できれば地上から戦争は無くすことができる。軍隊の廃棄に付随して、軍備、兵器、核などを廃棄することができれば地上から戦争を無くすことができる。もちろんそれに加えて、サイバー攻撃、宇宙戦争のための装置なども廃棄が必要となる。廃棄はいきなりすることはできない。廃棄というより、世界共通の機構に移行することで国家の軍事力廃棄が達成される。

軍備において国家の役割を排除するところに世界軍事機構は可能となる。その時、国家や政府の抵抗は考えられないだろうか。世界軍事機構という脱国家的機構は、国家とどのような関係を結ぶべきか。国家の影響力を排除したところには、強力なルールと強制力が必要となる。

それぞれの国家には、世界軍事機構に参加することで、二つのメリットがある。一つは、軍事費の財政の負担が極端に小さくなる。当初、GDPの〇・五％程度という想定である。もう一つは、国家の安全が世界組織によって完全に保障されるということである。企業、ファンド、NPO、個人が実質的な構成員となり、国家が世界軍事機構の支援者になるが、実質的な外交的な関与はできないようにしておく必要がある。

3　グローバル市民社会の形成と市民運動

【グローバル市民】

市民はいまだ世界市民World Citizenにはなっていない。ローマ時代以来、世界市民の理想はあった。何人かのインテリゲンチャーは世界市民の自覚を持っていた。ルネサンス期のペトラルカもダンテも市民であることが世界市民の理想につながっているし、フマニズム（ヒューマニズム）の精神は、寛容と受容の精神で人類というコンセプトを強く持った。現在、そのような人々は増え続けている。民族的特殊性、人倫的依存関係を超えるものは、ヒューマニズムの中ではぐくまれた近代精神の一つである「受容Acceptance」の精神であって、「理解Understanding」ではない。ヒューマニズムは、市民社会の精神を最も強く反映した思想である。

【市民の世界軍事機構への関わり】

市民が国家を動かす。民主主義の国は選挙で政権をとることができ、世界軍事機構規約の批准を進めることができる。市民の力を世界軍事機構規約の批准に向けて結集してゆくことで戦争のない時代を市民が生み出してゆく。市民、国民が支持するところに戦争は消滅への一歩が始まる。

第二歩目は、政党を作ることである。政権を掌握することなしに、世界軍事機構規約の批准はできない。一定の条件の下で世界軍事機構規約を批准する政治過程が必要となる。条件というのは、世界軍事機構規約にどれほどの国家が賛同するかということで、主要国が参加しない段階では参加各国の安全は保障されない。参加国側の勢力を結集するということが不可欠である。いくつかの国が参加して初めて世界軍事機構は存続できるからである。

第三歩目は、世界軍事機構規約の批准を目指す市民団体は、海外の市民への働きかけを展開するということになる。世界の国々で世界軍事機構に向けた動きが生じてゆく。

世界軍事機構はグローバル市民社会に土台を持つので、グローバル市民社会の形成は重要な要因である。グローバル市民社会の要素としては、第一に企業の国際的な経済活動がある。その上で①グローバル市民活動、②市民法の国際的調整と市民法レベルの国家を超える事柄に関する裁判制度、③国際的な経済制度の設立、④グローバル市民に向けた教育、⑤世界共通の人権擁護、⑥市民モラルの普及、などの動きが生じてゆく。これらは国家単位で行われてきたが、国家と市民的知識人の会議が関与してもいい。グローバル市民社会の形成にはまだまだ時間がかかると思われるが、世界は確実にその方向に進んでいる。

しかしまず今の段階の市民社会を土台として、世界軍事機構を構築することが可能なのではないだろうか。そのことでグローバル市民社会は安定的に形成方向に向かう。逆の側面から見れば、グローバル市民社会の形成は、世界軍事機構条約の批准への条件というわけではないが、推進力、もしくは助力になってゆく。

【市民の経済活動】

企業の国際的な活動は、国家による支援とともに、特区制度や国家プロジェクトと絡んで進んできたが、国家の利害を離れた経済環境の創設に向かうことが求められるようになることが、経済社会の基礎が進展してきたときの、本来の自然な経済の在り方である。国家はそのような政策への配慮をして企業活動とともに動くことになるが、国家の役割を小さくしていっても問題はない。安全な経済活動には、戦争や紛争の危険を遠のけることが必須であるということも経済活動に携わる多くの人々が自覚していることである。必然的に経済活動を主とする九五％以上の人々が、その点で戦争放棄を自分自身の問題として自覚するはずである。

現在ではまだグローバル市民社会の経済環境の推進ということが国家の協力ということで行われている。マーシャルプラン、世界開発銀行の促進、世界貿易機構、国連の様々な援助プログラム、ODA、ADB、AIIBなどはすべて過渡期的なものといえるのではないだろうか。経済特区による推進も過渡期的なものである。グローバル市民社会が充実してくるとき、企業に対する特権的な政策は排除されるべきである。グローバル市民社会は、自由と平等の原則の上に機会均等を尊重して形成されなければならない。市民革命の最大の意図が「営業の自由」の獲得であったことを温めるべきである。平等な経済活動が、国家を利用して特権を得ようとする人々や政府の活動に置き換わることが正常なグローバル市民社会の形成の意義なのである。

【ボランティア社会】

このような背景の中で、市民組織の役割は大きくなる。ボランティアや人倫的共同活動の枠組みは営利活動と並行して成長してゆく。社会参加や様々な価値観を実現するという人々の意志が、非営利団体の成長、ボランティア活動の拡大につながってゆく。グローバル市民社会の形成は、グローバル市民組織の形成をもたらしてゆく。

グローバル市民組織は、まず、戦争を無くすという活動に結集するものが多数現れてくるのではないだろうか。「地上から戦争を無くす」ということは、多くの人々の希望であり、直接、そのような運動の支援につながっていくはずである。各国の政権を左右する大きな勢力として世界的なうねりとなることが期待される。

【企業の協力】

グローバル市民組織と並んで、企業が協力する枠組みを作るべきである。グローバル市民社会は、グローバル資本主義の形成によって作られる。その意味で、企業がグローバル市民社会の形成の主役であるともいえる。企業は世界の平和によって活発な企業活動ができる。戦争は企業の敵である。その点で企業は戦争を無くすという活動に協力するはずである。戦争廃絶を基本政策とする国家は企業の世界軍事機構への協力に対して、税金などの優遇措置を設けるべきである。

4　政府のすべきこと

【新しい政府の課題】

世界軍事機構への加盟を目指す政府を作ることが第一の目標となる。その時、政権は、外交と軍事を世界軍事機構にゆだねることを目標とするので、二段階の政策を持つことになる。第一段階は、世界軍事機構への加盟への活動である。第二段階は加盟後の国内政策である。

第一段階の作業としては、①批准のための法的手続きの準備、そのために必要となる国内法の改訂と憲法の改訂である。②自衛隊や自国の軍隊の世界軍事機構への組み入れの準備、③防衛省の廃止および世界軍事機構への組み入れの準備、④外務省の世界軍事機構への移行部局と国内に残る機能の整備、⑤警察の世界軍事機構との連携の整備、⑥世界軍事機構準備委員会への参加の手配、などである。

世界軍事機構への加盟を党の方針にした政権政党は、世界軍事機構創設に向けた外交を展開することになる。海外の市民勢力との連携である。これは、政権を取る以前から始まるし、政権の掌握後も引き続き行われなければならない。

世界軍事機構を目指す政権がいくつかの国で生まれたとき、その国々の体制が変容する。防衛省と外務省に相当する政府機関が、世界軍事機構への移行の準備を始める。外交は世界軍事機構への働きかけがほとんどの活動となるので、世界軍事機構による調整への働きかけとして検討される。国家利害よりも、国家間の利害調整が外交の主な手法の方針となる。したがって外交は領土問題や資源などの利害調整が終了すれば、経済関係のみが対象となる。

【諸国家の参加】

世界軍事機構規約はある一定数の国家が参加しないと無意味である。少なくとも、非加盟国の軍事勢力に対抗できるだけの軍事力を世界軍事機構が保有しなければ加盟国の安全を保障することができない。

政府の仕事は、第一に、世界の主要国との折衝の中で、世界軍事機構に賛同する国家の連合体を作ることである。すべての国が同時に世界軍事機構を承認し、自国の軍隊を世界軍事機構に移行することができればそれに越したことはないが、非加盟国が存在する確率は高い。世界軍事機構規約に、これまでの政権の担い手が賛同するとは限らない。

また国民の側でも、戦争を経験した国民、世界の戦争の事例を見ている国民はほとんどが賛同すると思われる。しかし、実感のない国民、意識のない国民もいるかもしれない。その意味で、すべての国民が賛同するとは限らない。

非加盟国が多い中では、賛同する国の安全保障という問題が発生する。安全を保障するためには、世界軍事機構の圧倒的優位を最初に実現する必要がある。そのための主要国間での合意が必要である。政府はそのための努力が必要となる。

【国家の軍事機能の廃棄】

近代国家は、軍隊を持つことが主権を維持することであった。外交は、戦争とセットで存在した。近代の歴史は、国家権力を主役とし、戦争に彩られた歴史であった。

帝国主義の時代は、軍事力を最大化していった時代であった。帝国主義の時代は、国家の関係が露骨に軍事力を背景として維持された時代である。一八九五年四月、日清戦争の帰結として、日清講和条約が結ばれた。帝政ロシアが音頭をとる中で、三国干渉が行われ、日本は清国から手に入れた遼東半島を返還した。閔妃を中心とした親露派は、ロシアに接近する。駐韓大使の三浦梧楼らは、景福宮に乱入し、閔妃を斬殺する。帝国の利害が、韓国や清国で露骨にはかられた時代である。その利害対立がやがて、日本とロシアの戦争を必然化させてゆく。背景は軍事力である。

【国境警備――軍隊から警察へ】

海上保安庁・海上警備の各国の機関を一堂に集めた国際会議が開催された。軍隊は、国家に依処し、戦争と表裏をなしている。警察にそれを置き換えることで、戦争に訴えることなく、外交手段だけで国境問題に対処するという姿勢ができてきている。世界軍事機構の時代の、一つのインフラとなりえる可能性がある。

尖閣諸島の問題やサプラトリー諸島の領有権は、歴史認識と資源をめぐる国益が絡み合っている。歴史認識は、解決にならない。国民投票も解決にならない。教育でそれを取り上げて国民の正義感を作るという政策も解決にならない。事態を悪化させるだけである。

歴史の把握の仕方の原則を示す必要はあるが、それは過渡期的対応ということを前提とすることになる。領土問題解決の原則は、世界軍事機構で設定される原則によらなければならない。領土問題は国家間の問題にしておくと対立は解消しない。世界軍事機構による裁定が国家の利害対立を超えることができる。国家は領土に関する主張と見解を精査し、世界軍事機構に報告し解決案を提示する。利害に関与する各国が報告と解決案の提示を行い、世界軍事機構が、調査と精査を行い、裁定を下す。このような手続きで、領土問題の根本的解決を望むことができるのではないだろうか。

【同盟の廃止】

世界軍事機構加盟国の政府は、あらゆる同盟から脱退しなければならない。世界軍事機構はすべての同盟の廃棄を目指すことになる。同盟は現在では「自衛」という考えが大きなウエイトを占めるが、自衛の効果は戦争の脅威と武力による威圧を基礎としている。いったん戦争になれば、戦力次第である。同盟は力のバランスの上に平和を実現しようとするものであるが、絶えず同盟国の利益を優先させるので、時としてバランスは崩れる。一旦、戦争の火種がまかれると、同盟国も戦争に巻き込まれるので、同盟は戦争を拡大するという作用を持つ。その意味で同盟は極めて危険であり、二度の世界大戦は世界に戦争の火種が広がった。そのことは同盟によってもたらされたと言える。国連もＮＡＴＯも本質的に軍事同盟である。世界軍事機構は、同盟ではない。武力組織を基礎としているので、戦争を廃棄できるものである。

【日米安保条約】

日本は憲法で戦争放棄をしている。しかし、日本をとりまく政治環境は、冷戦体制、民族主義的国家主義、覇権主義的圧力、帝国主義的発想の残存、などの情況であった。このような世界情勢中で、一国で自衛できるわけがない。日本の自衛は、日米安保条約と不可分である。日米安保条約に基づいて、アメリカ軍が日本に駐留している。その兵力は、四万人規模である。日本の自衛隊は、二十五万人規模の軍隊で、世界で第七位の予算である。装備も近代化している。Ｆ15戦闘機をはじめ、イージス艦六隻を持っている。一応、専守防衛の枠の中とされている。

仮想敵国は、現在、中国、北朝鮮、ロシアが想定されているといえる。尖閣問題、北朝鮮による威嚇、北方領土問題が敵国たる根拠である。

【国家は世界軍事機構の運営に関与しない】

新しい国家は、主権のうち軍備と戦争に関する部分を放棄する。国家の役割は内政と非軍事的なグローバルな課題に関する外交に限られることになる。国家は一切、世界軍事機構の運営に関与しない。外務省と防衛省から移転される人材と施設は、国家の側からすると人材の放棄に相当する。その代償として、国家は世界軍事機構から国の安全を保障される。

【軍備の放棄】

国家は世界軍事機構規約を批准すれば、軍備の世界軍事機構への移譲を行う道程に入る。移譲は、一年程度で完了しなければならないが、日程の詰めが極めて重要になる。国家の側からすれば、すべての武器を排除することになる。世界軍事機構にすべての武器を集める。核ももちろん軍備に含まれる。

【核兵器の廃絶】

一九六八年の核拡散防止条約（核兵器の不拡散に関する条約 Treaty on the Non-Proliferation of Nuclear Weapons　略称：NPT）は、恒久的なものととらえてはいけない。ＮＰＴでは、核兵器国については、核兵器の他国への譲渡を禁止し（第一条）、核軍縮のために「誠実に核軍縮交渉を行う義務」が規定されている（第六条）。非核兵器国については、核兵器の製造、取得を禁止し（第二条）、国際原子力機関（ＩＡＥＡ）による保障措置を受け入れることが義務付けられ、平和のための原子力については条約締結国の権利として認めること（第四条）、などを定めている。また五年毎に会議を開き条約の運営状況を検討すること（第八条第三項）を定めている。これは、核保有を認め、核保有諸国に有利な条約である。いわば核保有の秩序に他ならない。ＮＰＴは、いわば人類の破滅の危機との際にある。抑止力というのは、一つ間違えば、破綻に導くものである。トランプ大統領は、多くの人からその一つの間違いを犯す人物ではないか、とみられている。金正恩やアサド、そしてイラン、ロシア、イスラエルという国家も核を使用するかもしれない。また集団としては、タリバンやアルカイダ、ＩＳの指導者も核を手に入れて使用する可能性がある。

安全のために必要なことは、拡散防止ではなく、廃棄である。あるいは、世界組織に移譲することである。今の核の管理の世界情勢では、その延長線上では、どこまで行っても核は増え続け、核戦争の危機が生まれてゆく。冷戦が集結して、核の脅威はなくなる、核の対決の時代は終わった、という認識が世界中に広がった。しかし、現在もなくならない。ロシア軍部内でも、中国でも、アメリカでも、核保有から離れようとしていない。核廃棄の道は、はるか彼方になった。

【世界軍事機構（World Military Organization）と世界政府】

国家が死滅し、世界政府ができるのは、まだかなり先のことのように思える。グローバル市民社会の形成がカギを握っている。その時、現在の国家の役割も、人倫や言語の問題と絡んで重要な役割を持ち続ける必要があるように思われる。世界軍事機構は、世界政府のような役割の第一歩かもしれない。

世界軍事機構は、二百年先のことではない。十年か、二十年での成立が望まれる。その基礎となる世界市民社会は、今、産声を上げたばかりである。しかし、権力の原理は国家にあるし、まだまだ国家の役割は大きいものがある。世界軍事機構は、国家の権力性の移行を意味する事柄であるのだから。世界政府への移行は、次のような道程をとることになると思われる。

第1ステップ：世界軍事機構の樹立
第2ステップ：世界中央銀行の創設
第3ステップ：世界的な徴税システムの構築
第4ステップ：世界財政機構の創設
第5ステップ：世界福祉機構の創設

それらの段階の大前提は、グローバル市民社会が生成されることである。それは自然に任せることと、何らかの政治機構がそれを阻害するような環境を排除することが、必要である。世界軍事機構は、設立されると、二次的活動として、原子力発電の禁止、自由で平等な企業活動の環境整備などが望まれる。右のステップ3からステップ5の支援、などが考えられてもよいが、当面重要なことは、世界軍事機構を機能させることである。次の段階は、今の課題ではない。

5　世界軍事機構軍の編成

【世界軍】

世界軍事機構の主体は、軍隊である。仮に世界軍と呼んでおこう。世界軍は、地球上から軍事衝突と戦争を一掃するための軍隊である。そのことのみを目的とする。世界軍が圧倒的な軍事力を持つことで、世界各国の軍事力放棄が進む。将来、世界軍ができ、各国の軍隊が世界軍に移行し、地上での国家による軍事保有が消滅するとき、世界軍は世界警察に組み込まれて、廃棄への日程が開始される。

アメリカが世界の警察と呼んでいたものは、かつてイギリスもそのような立場にあり、この言葉を使用していた。「世界の警察」は実は世界の安全保障のための軍隊である。それは、世界軍事機構の世界軍が取って代わることになる。しかし、世界軍は警察機能という概念に合わない。

アメリカが世界の警察という概念をも提示するとき、平和のニュアンスを持たせ自己を正当化するために名づけたもので、一種の虚偽である。アメリカの「世界の警察」という概念の中に、それは、軍事力の放棄を目指すことはないからである。戦争を前提とした活動でしかない。

世界軍は、世界軍事機構にすべての国が批准するまで存続する。批准した後、各国の軍の廃棄と世界軍事機構への移行を監視しなければならない。世界軍事機構に加盟しない国が存在する限り、軍は活動する。

また、各国の軍が世界軍事機構に組み入れられた後での、テロの脅威などが残るときそれへの対処を世界軍事機構がしなければならない。すべての戦争、武力行為の消滅のために世界軍事機構は存続する。それらの脅威が完全に消滅したとき、はじめて、段階的に世界軍の放棄の日程に入る。

【各国軍の世界軍への移行のシナリオ】

例えば、イスラエル軍の例をとって、イスラエルの軍隊放棄と世界軍事機構への組み入れのシナリオを描いてみたい。

まず、現在の敵対勢力と同時に軍隊廃棄を行う。イスラエル軍は、現在、勢力が一七万八、〇〇〇人である。一〇％を世界軍事機構に移行する。元イスラエル兵は、一万七、八〇〇人になる。この軍隊の九〇％はイスラエル国内に勤務する。イスラエルに滞在する元イスラエル兵は、一六、〇二〇人になる。他の国から移動する兵隊は一、七八〇人となる。他国から組み入れられる兵隊は、少なくとも五か国以上から組み入れられるべきである。イスラエル同様他の国の兵士も、九〇％が自国内に残存し、残りの一〇％を海外に移動させるので、一〇％の海外からイスラエル勤務になる兵士が、一、七八〇人ということになる。以上は一つの考え方の例であるので、準備が進む中で様々な検討がなされるはずである。

すべての費用は、世界軍会計から拠出されることになる。イスラエルの軍事費はゼロになることになる。

司令官は、文化的、民族的、言語的影響とこれまでの軍の維持の経験などを鑑みて、五〇％をイスラエル軍から登用するというのでどうだろうか。のこりの五〇％を他国から登用して世界的視野での活動ということに目的設定を行うべきである。

予備役はすべて廃止すべきである。予備役は、半国民的な兵力の維持なので、世界軍事機構にはむかない。

【非批准国の問題】

二〇一六年、反動の渦が巻いている。民族主義への回帰と国家原理への回帰である。それが、世界軍事機構への非加盟につながることはありうることである。

国家主権が絶対的なものであった時代は、戦争は不可避であり、それを避けるための方策は、シシホスの神話のごときものであった。努力は徒労に尽きるという宿命があった。しかし今、戦争廃棄と世界平和は、夢ではなく現実のものとして努力することが報われる可能性が生まれてきている。

あとがき

近代国家の成立以来、国家は国家間の戦争を繰り返してきた。それぞれの時代に国家間のルールがあり、それに基づいて各時代の戦争の必然性が発生していた。国家の役割も、国際環境の論理の変化、外交の在り方の大枠の中で捉えることができる。その変化の中で国家はいかに戦争を遂行してきたかということに関する自覚が可能となり、その反省を踏まえて地上から戦争を無くする方法が初めて明確になる。グローバリゼーションの時代の戦争の可能性と回避の道を検討することができるのである。

本書の趣旨に関心を持たれた方は、「卵の会（世界軍事機構準備委員会）」にお問い合わせください。いろいろな方の参加と広がりが、地球上から戦争を廃棄することにつながっていくことを願って筆（キーボード）を置きます。

著者略歴

服部　正喜（はっとり　まさき）

1974年　大阪外国語大学　インドパキスタン語学科　ヒンディ語専攻　卒業
1977年　神戸大学大学院　哲学専攻　修士課程修了
　　　　ヘーゲル、カントの哲学を研究する。
1986年　神戸大学大学院　社会科学基礎論専攻　博士課程　修了
　　　　法律学と経済との関係を思想史・歴史において探求する。

英語学校　GEN Canada College をカナダのバンクーバーにて設立し、その後、留学サポート会社　Canada Global Education Centre を設立、2015年6月退社。
日本語学校　東京JLA外語学院を設立。現在、校長
大阪産業大学、近畿大学、その他の大学、専門学校などで非常勤講師。社会思想史、哲学、社会学、倫理学、英語などを教える。

著書：『宇野弘蔵の世界』有斐閣（共著）
　　　『近代人の自由と宿命』創元社
　　　『国家の死滅』創元社
　　　『国際化時代の実用英語』山口書店
　　　『金融革命』創元社

卵の会（連絡先）：tamagonokai88@gmail.com

戦争廃絶

地球上から戦争を無くす道ー世界軍事機構 案

2019年11月12日　初版発行

著　服部　正喜

発　行　ふくろう出版
〒700-0035　岡山市北区高柳西町1-23
友野印刷ビル
TEL：086-255-2181
FAX：086-255-6324
http://www.296.jp
e-mail：info@296.jp
振替　01310-8-95147

印刷・製本　友野印刷株式会社

ISBN978-4-86186-766-8 C3031